FORSCHUNGSBERICHTE
DES WIRTSCHAFTS- UND VERKEHRSMINISTERIUMS
NORDRHEIN-WESTFALEN

Herausgegeben von Staatssekretär Prof. Leo Brandt

Nr. 92

Techn.-Wissenschaftl. Büro für die Bastfaserindustrie, Bielefeld
Laboratorium für textile Meßtechnik, M.-Gladbach

Messungen von Vorgängen am Webstuhl

Als Manuskript gedruckt

Springer Fachmedien Wiesbaden GmbH

ISBN 978-3-663-03727-9 ISBN 978-3-663-04916-6 (eBook)
DOI 10.1007/978-3-663-04916-6

Forschungsberichte des Wirtschafts- und Verkehrsministeriums Nordrhein Westfalen

Gliederung

A. Allgemeine textil- und maschinentechnische Probleme am Webstuhl .... S. 5
    I. Kettfadenspannung .... S. 5
    II. Schußfadenspannung .... S. 6
    III. Bewegung des Schützens .... S. 7

B. Aufgabenstellung .... S. 9

C. Beschreibung der verwendeten Meß- und Beobachtungsgeräte .... S. 10
    I. Fadenspannungsmeßeinrichtungen .... S. 10
    II. Stroboskopische Beobachtungsgeräte .... S. 18

D. Versuchsdurchführung und Versuchsergebnisse ...... S. 25
    I. Spannungsmessungen an Kettfäden .... S. 26
        1. Ort der Spannungsmessung, Aufzeichnung der Meßwerte .... S. 26
        2. Messungen bei Normaleinstellung des Webstuhles .... S. 27
        3. Veränderung der Kettspannung .... S. 29
        4. Unterschiedliche Schußdichten .... S. 32
        5. Unterschiedliche Streichbaumlage .... S. 33
        6. Streichbaumexzenterstellung .... S. 34
        7. Einfluß des Breithalters .... S. 35
        8. Verschiedene Garnaufteilung durch Teilstäbe .... S. 35
        9. Unterschiedliche Fachhöhen .... S. 36
        10. Fester und beweglicher Streichbaum ..... S. 37
        11. Kettfadenspannungsmessungen im Ruhe- und Bewegungszustand .... S. 39
        12. Ausschalten von Bewegungsvorgängen ..... S. 41
    II. Messung der Schußfadenspannung .... S. 45
    III. Stroboskopische Untersuchungen .... S. 50

E. Zusammenfassung .... S. 62

F. Literaturverzeichnis .... S. 63

Forschungsberichte des Wirtschafts- und Verkehrsministeriums Nordrhein Westfalen

Der vorliegende Bericht enthält die Ergebnisse von Untersuchungen, die gemeinsam vom Laboratorium für textile Meßtechnik, HERBERT STEIN (Textechno), M.-Gladbach, und dem Techn. Wissenschaftl. Büro für die Bastfaserindustrie (TWB-Bastfaser), Bielefeld, durchgeführt worden sind. Das Ziel dieser Untersuchungen war, zu ermitteln und darzulegen, inwieweit die neuzeitliche Meßtechnik zur Erkenntnis von Spannungs-und Bewegungsvorgängen bei der Verwebung von Garnen verhelfen kann. Die sehr positiven Ergebnisse sind unter Berücksichtigung dieser Zielsetzung zu betrachten. Weniger war daran gedacht, sie bereits für eine Auswertung reif zu machen. Hierfür sind selbstverständlich eingehendere und dementsprechend enger begrenzte Studien auf dem aufgezeigten Weg erforderlich.

Forschungsberichte des Wirtschafts- und Verkehrsministeriums Nordrhein Westfalen

A. Allgemeine textil- und maschinentechnische Probleme am Webstuhl

I. Kettfadenspannung

Webstuhlwirkungsgrad und Ausfall der Ware werden weitgehend von der Kettfadenspannung beeinflußt, da diese einerseits die Anzahl der Kettfadenbrüche bestimmt, andererseits auch die Einarbeitung des Gewebes beeinflußt. Die Vielzahl der herzustellenden Gewebearten mit unterschiedlichen Bindungen, Dichten und in Festigkeit und Dehnung voneinander abweichenden Garnen erlaubt nicht ohne weiteres, eine einfache Regel aufzustellen, nach der eine Einstellung der günstigsten Kettspannung vorgenommen werden kann. Desgleichen erschwert die Verschiedenheit der Webstühle in Arbeitsweise, Abmessung, Einstellung und Drehzahl eine allgemein gültige Definition der optimalen Kettfadenspannung. Es muß heute dem Weber überlassen werden, aufgrund seiner Erfahrungen und nach Gefühl diejenige Spannung einzustellen, die eine möglichst geringe Kettfadenbruchhäufigkeit bei einwandfreiem Gewebeausfall erwarten läßt.

Daß die diesbezüglichen Verhältnisse sehr unterschiedlich liegen, zeigt schon der Vergleich des Webens mit verschiedenen Dichten und Bindungen. Bei enger Bindung (z.B. Leinwand) in Verbindung mit hoher Schußdichte muß die Kettfadenspannung notwendigerweise groß sein, um die Schußfäden entsprechend der verlangten Fadenzahl in die Ware einzuschlagen. Hier wird u.U. das Kettfadenmaterial bis an die Grenze seines Arbeitsvermögens beansprucht. Bei losen Einstellungen und flottierenden Bindungen ist die Beanspruchung der Kette eine ruhigere. Der Weber kann die Kettfadenspannung besser dem Kettmaterial anpassen, um einen guten Wirkungsgrad zu erreichen.

Es ist allgemein üblich, die Beurteilung der Kettfadenspannung subjektiv vorzunehmen. Natürlich hat es nicht an Versuchen gefehlt, sie mittels mehr oder weniger präzise arbeitender Geräte zu erfassen. So hat z.B. bereits F.STEIN[1] ein Feder-Dynamometer verwendet, das zur Messung der Gesamtkettspannung angesetzt wurde. OWEN[2] führte Spannungsuntersuchungen an Einzelkettfäden mittels einer Blattfeder durch, deren Ausschläge optisch vergrößert und photographisch festgehalten wurden. DÖRING[3] wiederum setzte ein Federdynamometer ein, allerdings für Messungen an Einzelfäden.

KELLER[4] erfaßte die Gesamtheit der Kettfäden, indem er den von der Kettspannung abhängigen Lagerdruck des Streichbaumes mit Hilfe einer Piezo-Quarzzelle bestimmte.

Während diese Versuche daraufhin zielten, den Spannungsverlauf einzelner Kettfäden oder der gesamten Kette innerhalb der einzelnen Kurbelspiele zu erfassen, bezwecken einfachere Geräte die Erfassung lediglich der mittleren Spannung. Hierbei sei verwiesen auf die zahlreichen auf dem Markt befindlichen als Handgeräte zu verwendenden Spannungsmesser, z.B. das Gerät von Zellweger-Uster, welches auch in einer Ausführung der maximale bzw. minimale Ausschlag festgehalten wird. Einrichtungen, welche eine Kontrolle zur Verhinderung von Überschreitung der maximalen und minimalen Grenzen der Kett-bzw. Kettfadenspannung anstreben, wurden u.a. von GRIESE und WENDT vorgeschlagen.[5]

Von einem für Kettfadenspannungsuntersuchungen einzusetzenden Fadenspannungsmeßgerät ist zu fordern, daß es fortlaufend die einzelnen, sich mit der Kurbelwellenumdrehung periodisch verändernden Schwankungsspiele der Größenordnung nach richtig erfaßt und genügend weit auseinandergezogen aufzeichnet. Dabei soll es auch in einfacher Weise möglich sein, das Gerät nacheinander an benachbarten Kettfäden anzusetzen, um den Einfluß eines unterschiedlichen Schafthubes usw. zu erfassen. Die infrage kommende Aufzeichnung rasch aufeinanderfolgender Spannungszustände erfordert weitgehend trägheitslos arbeitende Geräte.

II. Schußfadenspannung

Das äußere Bild eines Gewebes kann durch ungünstige Spannungsverhältnisse während des Schußfadenablaufs nicht unwesentlich beeinflußt werden. So haben beispielsweise bei der Kunstseidenverarbeitung Spannfäden (Glanzstellen) vielfach in der ungleichmäßigen Bremsung des Fadens während des Spulenabzuges ihre Ursache. Leinengarne mit ihren charakteristischen Unregelmäßigkeiten verlangen geeignete Garnkörper, da sie zu Ablaufhemmungen neigen und die dabei auftretenden Spannungsspitzen eingezogene Gewebekanten zur Folge haben können. Ebenso sind bei gewissen Spulenarten infolge ungleichmäßigen Spannungsverlaufs vorwiegend bei Ablauf der letzten Fadenlagen Spannungserhöhungen möglich, die Breitenänderungen des Gewebes hervorrufen (Zacken und Bogenleisten).

Bislang wurde der Erfassung des Schußfadenspannungsverlaufs während eines Spulenabzuges im allgemeinen wenig Beachtung geschenkt. Es mangelte an geeigneten Meßverfahren und -geräten.

In den USA finden neuerdings verschiedentlich einfache Meßeinrichtungen Verwendung, bei denen die Spannung des aus einem Schützen ablaufenden Fadens mit einfachen Fadenspannungsmeßuhren bestimmt wird.[6] Zweifellos werden sich keine verläßlichen Werte finden lassen, wenn dabei mit verhältnismäßig tiefliegenden Abzugsgeschwindigkeiten gearbeitet wird. Die Einrichtungen müssen so aufgebaut werden, daß etwa die gleichen Verhältnisse wie im Webstuhlbetrieb vorliegen. Bei einer Schützengeschwindigkeit von beispielsweise 12 m/s müßte eine Fadenabzugsgeschwindigkeit von rd. 700 m/min eingestellt werden, um dieser Forderung zu entsprechen.

Wenn auch auftretende Stöße erfasst werden sollen, z.B. Hemmungen im Fadenablauf durch Garnunregelmäßigkeiten, falsch eingestellte Schützenspindeln u.drgl., oder gar das abzugsweise Abziehen des Fadens aus dem Schützen nachgeahmt werden soll, müssen wiederum trägheitslos arbeitende und aufzeichnende Meßgeräte zum Einsatz kommen, um alle Einzelheiten zu erfassen.

III. Bewegung des Schützens

Für den einwandfreien Ablauf des Webvorganges ist eine zweckentsprechend genaue Übereinstimmung der Bewegung der Webschäfte, der Weblade und des Webschützens Voraussetzung.

Die Einstellung des Webfaches (Zeitpunkt des Fachumtrittes) beeinflußt mehr oder weniger den Warenausfall. Insbesondere trifft dieses für leinwandbindige Waren zu. Als Grundeinstellung ist ein geschlossenes Webfach kurz nach Kurbelhochstand bzw. Mittellage der Lade anzusehen. Diese Einstellung ist aber bei Herstellung leinwandbindiger Waren nicht immer die günstigste. Zur Verhütung eines rietstreifigen Gewebes infolge des meist zweifädigen Einzuges der Kettfäden wird bereits vor bzw. bei Kurbelhochstand das Webfach geschlossen (früher Fachschluß), wodurch die einzelnen Schußfäden frühzeitig von den Kettfäden eingekreuzt und in diesem Zustande vom Webblatt angedrückt werden. Durch die dabei entstehende "Walke" werden die Kettfäden am paarweisen Zusammenlegen gehindert. Wird mit hoher Schußdichte oder mit qualitativ geringen Schußgarnen gearbeitet, ist der Fachschluß nach Kurbelhochstand (später Fachschluß) vorteilhafter.

Schon diese wenigen und keineswegs vollständigen Hinweise zeigen die Bedeutung, die einem zeitlich festzulegenden Zusammenspiel zwischen Schaft- und Ladenbewegung je nach verarbeitetem Material, dem angestrebten Webwirkungsgrad und den an das Gewebe zu stellenden Forderungen zugemessen werden muß. Zu diesen tritt weiterhin die Schützenbewegung und deren Auslösung durch den Schlag, die ebenfalls den beiden bereits behandelten Bewegungen der Lade und der Schäfte anzupassen sind. Einleuchtend wäre die Forderung, den Schlag derart einzustellen, daß der Webschützen die Mitte der Ladenbahn erreicht, wenn das Fach voll geöffnet und die Lade in ihrer hinteren Stellung ist. Dass diese beiden Forderungen miteinander nicht immer in Einklang stehen und je nach Webaufgabe eine Zwischenlösung gefunden werden muß, wurde bereits gezeigt. Ein früher Fachschluß bedingt einen zeitig einsetzenden, ein später Fachschluß einen spät einsetzenden Schlag. Eine Nichtbeachtung dieser Abstimmung würde einen unruhigen Schützenlauf zur Folge haben, der u.U. Bindungsfehler an der Gewebekante, Leistenfadenbrüche und in krassen Fällen sogar ein Herausfliegen des Webschützens aus dem Fach mit sich bringt. Notgedrungen muß dabei von dem auch technisch gesehen berechtigten Bestreben, den Schützenlauf bei hinterer Ladenstellung erfolgen zu lassen, abgewichen werden. Ein bestimmtes Einstelldiagramm für alle Fälle ist jedoch nicht möglich.

Bis heute ist es dem Meisterpersonal überlassen, den Webstuhl nach Erfahrung und Gefühl einzustellen, wobei insbesondere bei hochtourigen Webstühlen nicht immer die günstigsten Verhältnisse getroffen werden. Die Möglichkeit einer objektiven Erfassung der Bewegungsvorgänge ist deshalb in hohem Maße anstrebenswert.

Eine einwandfreie Darstellung des Schützenlaufs ist gegeben, wenn es gelingt, den Schützen an verschiedenen Stellen während seines Durchganges durch das Fach bildlich zu erfassen. Hierzu kann der Einsatz von Kameras mit hoher Filmablaufgeschwindigkeit oder geeigneter stroboskopischer Einrichtungen erwogen werden.[7] - Im Zusammenhang mit der Darstellung des Schützenlaufes ist durch die Berechnung der Schützengeschwindigkeit und die Aufstellung der Geschwindigkeitskurve gegeben.[8] Abgesehen von den bereits in diesen Abschnitten (A I bis A III) angeführten bzw. referierten Literaturstellen sei auf die unter[9] genannten Beiträge verwiesen.

Forschungsberichte des Wirtschafts- und Verkehrsministeriums Nordrhein Westfalen

B. Aufgabenstellung

Zusammenfassend ist über den Einsatz von Meßgeräten in der Textilindustrie und zu der diesbezüglichen Aufgabenstellung folgendes zu sagen:

Die in der Textilindustrie zur Betriebskontrolle und zur Prüfung der Halb- und Fertigerzeugnisse eingesetzten Meßgeräte sind meist noch nach alten Vorbildern aufgebaut und arbeiten vorwiegend rein mechanisch. Die sich rasch entwickelte Elektrotechnik kann mit Messelementen dienen, die die Anwendung neuartiger Meßverfahren ermöglichen. Seit geringer Zeit macht hiervon auch die textile Prüftechnik zunehmend Gebrauch, wobei z.B. auf den Einsatz von Hochfrequenzeinrichtungen zur Bestimmung der Gleichförmigkeit von Faserbändern, Vorgarnen und Fäden hinzuweisen ist.

Aus den zunächst noch bescheidenen Anfängen wird sich zweifellos in absehbarer Zeit eine ganz neue Art der Prüftechnik auch für die Textilindustrie entwickeln. Besonderer Wert ist dabei darauf zu legen, daß mit den einzusetzenden Meß- und Prüfgeräten nicht nur das fertige Erzeugnis im Laboratorium zu bewerten ist, vielmehr muß auch dem Spinner, Weber und Ausrüster, natürlich auch dem Kunstseide- und Kunstfasererzeuger mittels geeigneter Betriebskontrollgeräte die Möglichkeit gegeben werden, in die einzelnen Arbeitsvorgänge Einblick zu nehmen, Fehler und Fehlerursachen zu erkennen und danach entsprechende Abhilfemaßnahmen zu treffen.

Wichtig ist bei solchen Untersuchungen eine fortlaufende Aufzeichnung gefundener Meßergebnisse, um die Auswertung zu erleichtern und aus dem Diagrammverlauf periodisch wiederkehrende Vorgänge zu erkennen. Die verschiedenartig aufgebauten Meßelemente und dazugehörende, gegebenenfalls nach dem Trägerfrequenzverfahren arbeitende Röhren und Röhrenverstärkergeräte sind deshalb zweckmässig mit elektrischen Tintenschreibern zu verbinden. Die Ausschläge des Schreibersystems entsprechen dabei den vom Geber (Meßelement) ausgelösten Meßströmen. Durch Verwendung eines verschieden großen Vorschubs für das Diagrammpapier lassen sich je nach den vorliegenden Erfordernissen eng oder weit geschriebene Diagramme erzielen.

Vielfach werden sich die zu kontrollierenden Vorgänge sehr rasch abspielen oder in rascher Folge wiederholen. Wegen ihrer Trägheit sind die Tintenschreiber nicht mehr in der Lage, genügend rasch zu folgen und alle Einzelheiten richtig aufzunehmen. Hier bietet jedoch die elektrische Meßtechnik andere Möglichkeiten der Registrierung. Unter der Voraussetzung, daß die eigentlichen Meßelemente und die gegebenenfalls zwischenzuschaltenden Verstärkergeräte dafür eingerichtet sind bzw. mit genügend hohen Trägerfrequenzen arbeiten, kann das ähnlich wie die Meßschleife eines Schleifenoszillographen aufgebaute System eines Lichtpunktschreibers angesteuert werden. Die Aufzeichnung auf lichtempfindlichem Papier übernimmt dann ein Lichtstrahl, der -abhängig vom Meßwert- von einem Spiegel verschieden stark abgelenkt wird.

Unter Umständen ist es zweckmäßig, direkt mit Schleifen-oder Kathodenstrahloszillographen zu arbeiten und die Anzeige der Meßeinrichtung in bekannter Weise photographisch zu registrieren.

Zu der angestrebten Möglichkeit der Messung sich rasch veränderner Größen und einer fortlaufenden, von Trägheitserscheinungen nicht beeinflußter Aufzeichnungen der Meßwerte tritt der Einsatz von Geräten, die es ermöglichen, schnell ablaufende Vorgänge im Bild sichtbar zu machen. Es wurde dargelegt, daß hierfür Kameras mit hoher Geschwindigkeit des Filmablaufes eingesetzt werden können. Eine bessere Möglichkeit bieten neuzeitliche, lichtstarke stroboskopische Lampen, die eine Beobachtung von schnell erfolgenden Bewegungen an Ort und Stelle sowie für mehrere Personen gleichzeitig gestatten. In Verbindung mit ihnen können Photoapparate eingesetzt werden, welche die Beobachtungen reproduzierbar festhalten.

Die vorliegende Arbeit hatte zur Aufgabe, an einer der markantesten Maschine der Textilindustrie, am Webstuhl, die Einsatzfähigkeit einiger nach den vorstehend genannten Richtlinien aufgebauter Meßgeräte, die im nachfolgenden Abschnitt C beschrieben sind, zu studieren. Die sich daraus im Sinne der Ausführungen im Abschnitt A ergebenden Möglichkeiten sollten dem interessierten Technikerkreis unterbreitet werden.

C. Beschreibung der verwendeten Meß-und Beobachtungsgeräte

1. Fadenspannungsmeßeinrichtungen

Bei Untersuchungen am Webstuhl interessieren zunächst die an einzelnen Kettfäden auftretenden Spannungen. (Vergl.Abschnitt AI) Gegebenenfalls ist es auch von Bedeutung, die gesamten in der Webkette wirksamen Kräfte festzustellen [4]. Weiter ist es wichtig, am Schützen die Wirkung von Fadenbremsen, den Einfluß von Fellausklebungen bzw. des sich im Schützen beim Abziehen mit großer Geschwindigkeit ausbildenden Fadenballons zu studieren. (Abschnitt A II). Schon früher wurden für die Durchführung solcher Aufgaben einfache Fadenspannungskontrollgeräte, Federkontrolluhren, eingesetzt, mit denen es möglich ist, den jeweils vorhandenen Spannungszustand zu ermitteln.

Entsprechend den Bewegungsvorgängen im Webstuhl ergeben sich an der Kette, bzw. an einem Kettfaden und während des Schußfadenabzuges rasch wechselnde starke Spannungsunterschiede. Wegen ihrer Trägheit sind Fadenspannungskontrolluhren im allgemeinen nicht in der Lage, den Veränderungen in richtiger Weise zu folgen. Es ergeben sich unkontrollierbare Pendelungen des Zeigersystems. Beim Anwenden einer starken Dämpfung wird nur ein Mittelwert angezeigt, so daß keine Möglichkeit besteht, auftretende Spannungsspitzen größenordnungsgemäß richtig zu erkennen.
Zu fordern ist von einer für solche Untersuchungen einzusetzenden Fadenspannungsmeßeinrichtung, daß sie die Meßwerte fortlaufend registriert und nicht nur über längere, sondern auch über kürzere Zeitabschnitte ein genaues Bild von den sich abspielenden Vorgängen vermittelt.

Wenn es nur darauf ankommt, über längere Zeitperioden verteilte Spannungsänderungen, wie sie beispielsweise durch eine unterschiedliche Bremsung des Kettbaumes entstehen, anzuzeigen und kurzzeitig auftretende Schwankungen zu mitteln, dann kann ein verhältnismäßig einfaches, in der Anzeige sehr stabiles magnetelektrisches Fadenspannungsmeßgerät Verwendung finden. Dieses wird mit Abbildung 1 gezeigt. Es besteht im wesentlichen aus einem magnetelektrischen Meßkopf, einem Netz-und Verstärkergerät und dem elektrischen Tintenschreiber. Die Fadenspannung wirkt hierbei auf einen einseitig eingespannten federnden Hebel ein, der zu diesem Zweck eine Fühlrolle erhält. Die an sich gering zu haltende Durchbiegung dieses federnden Meßstabes wird mittels zweier in Brückenschaltung verbundener Magnetsysteme bestimmt. Eine in das Netz- und Verstärkergerät eingebaute Verstärkerstufe hat die Aufgabe, die bei einer Verstimmung der Meßbrücke auftretenden Ströme zu verstärken und dem Tintenschreiber zuzuleiten.

Forschungsberichte des Wirtschafts- und Verkehrsministeriums Nordrhein Westfalen

Abbildung
Meßkopf, Netz- und Verstärkergerät, elektrischer Tintenschreiber

Dieser Tintenschreiber kann mit unterschiedlich großem Papiervorschub (3 mm und 30 mm/min) betrieben werden und gibt dadurch die Möglichkeit, ein aufzunehmendes Fadenzugdiagramm verschieden weit auseinander zu ziehen.

Die Trägheit des Tintenschreibers, die Eigenschwingungszahl des Meßstabes und außerdem die bei der elektromagnetischen Meßeinrichtung verwendete Trägerfrequenz (50/Hz) begrenzen die Schreibgeschwindigkeit. Es wird mit einer solchen Einrichtung nicht mehr möglich sein, Vorgänge zu erfassen, die sich - wie beim Webstuhl die Kettfadenspannung - periodisch in der Sekunde 2 - 3 mal wiederholen und dabei noch ausgeprägte Schwankungsspiele aufweisen.

Für die durchzuführende Untersuchung wurde deshalb eine neuartige kapazitive Meßeinrichtung verwendet, die aus einem Meßkopf, einer Hochfrequenz-Meßbrücke mit eingebautem Netzanschlußgerät und einer geeigneten Registriervorrichtung besteht. Über den Meßkopf, der aus Abbildung 2 ersichtlich ist, bleibt zu sagen, daß er als Meßelement ein beiderseits gehaltenes Stahlröhrchen besitzt. Die Eigenschwingungszahl liegt so hoch, daß bei den Frequenzen, mit denen sich die Fadenspannungen verändern,

Forschungsberichte des Wirtschafts- und Verkehrsministeriums Nordrhein Westfalen

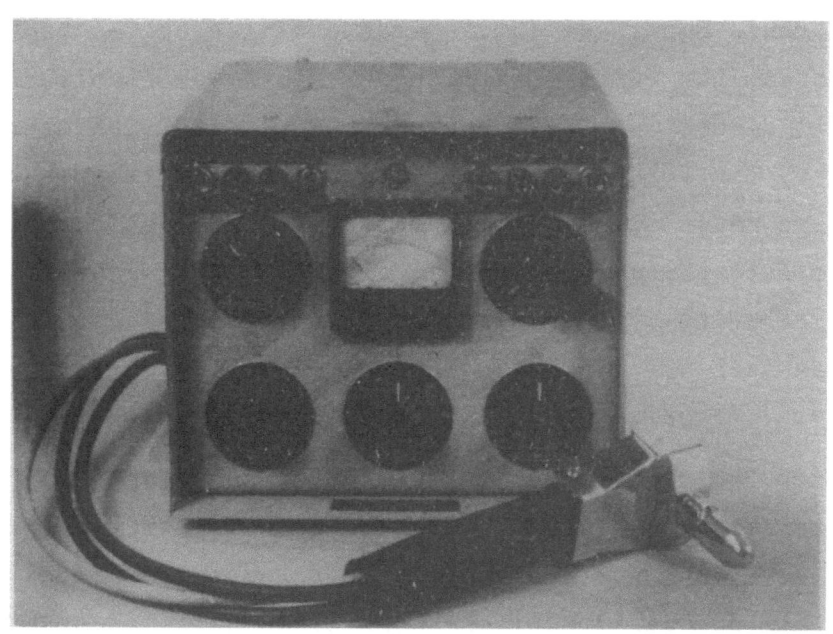

A b b i l d u n g 2
Meßkopf und Meßbrücke " Textronograph "

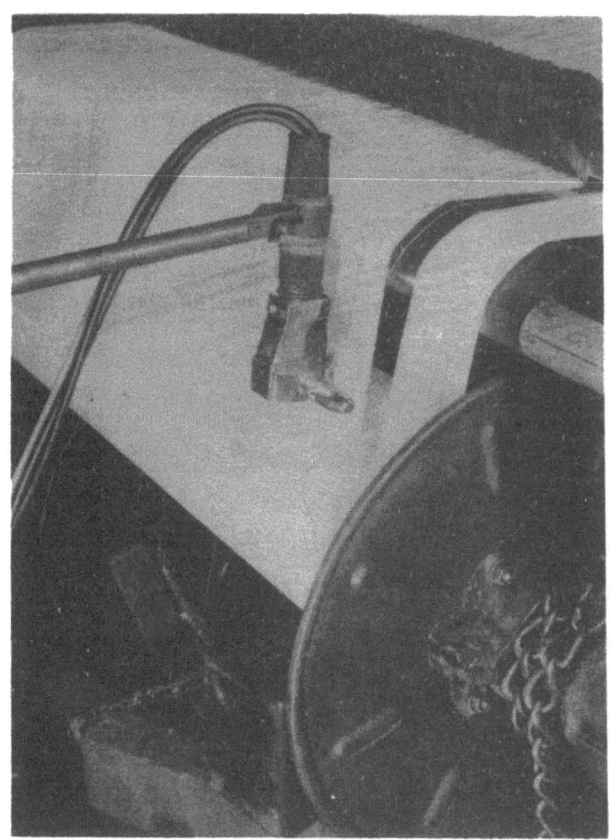

A b b i l d u n g 3
Meßkopf am Webstuhl

keinerlei störende Einflüsse durch Eigenschwingungen des Meßelementes auftreten können. Der Faden greift in der Mitte des Stahlröhrchens an und vermittelt diesem mehr oder weniger starke - an sich sehr geringe - Durchbiegungen. Die Veränderung der Lage dieses Stahlröhrchens wird in bekannter Weise kapazitiv bestimmt. In Abbildung 3 ist der Einsatz des Meßkopfes zur Kettspannungsmessung an einem Webstuhl gezeigt. Bei der Hochfrequenzmeßbrücke Type "Textronograph" handelt es sich um das gleiche Gerät, das auch für die Durchführung von Gleichförmigkeitsprüfungen an Faserbändern, Vorgarnen und Fäden zu verwenden ist.

Der Ausgang des Textronographen ist einmal so ausgelegt, daß ein elektrischer Tintenschreiber - wie er vorstehend bereits kurz beschrieben wurde - angeschlossen werden kann. Außerdem ist ein zusätzlicher Ausgangskreis vorgesehen, über den das Braun'sche Rohr eines Kathodenstrahl-Oszillographen direkt anzusteuern ist.

Die Hochfrequenzmeßeinrichtung gestattet es gleichzeitig, mit einem Tintenschreiber und mit einem Kathodenstrahl-Oszillographen zu arbeiten, wobei der Tintenschreiber wegen der Trägheit seines Meßsystems die Schwankungsspiele gedämpft wiedergibt, und gegebenenfalls beim Einschalten einer zusätzlichen Dämpfung nur die sich einstellenden Mittelwerte anzeigt, während der Lichtpunkt des Kathodenstrahl-Oszillographen auf dem Schirm Bewegungen ausführt, die den sich tatsächlich abspielenden Vorgängen entsprechen.

Zur völlig trägheitslosen Aufzeichnung der Meßwerte standen verschiedene Kathodenstrahl-Oszillographen zu Verfügung. Als besonders zweckmäßig erwies sich der aus Abbildung 4 ersichtliche Zweistrahl-Oszillograph, weil es hiermit möglich ist, gleichzeitig 2 Vorgänge sichtbar zu machen und somit neben der Spannungsaufzeichnung selbst zusätzlich eine Zeit-oder Stellungsmarkierung vorzunehmen. Die Arbeitsweise eines Kathodenstrahl-Oszillographen wird als bekannt vorausgesetzt. Um mittels geeigneter Registriervorrichtung zu einer Aufzeichnung von verständlichen Diagrammen zu kommen, ist der Kippschwingkreis auszuschalten, so daß der bzw. die Lichtpunkte des Oszillographen nur auf einer Geraden (senkrecht) ausschwingen. Für die Aufnahme der Diagramme fand eine Universal-Registrierkamera (Recordine) Verwendung. Ihr Aufbau und ihre Wirkungsweise sollen an Hand der Abbildung 5 kurz erläutert werden.

Forschungsberichte des Wirtschafts- und Verkehrsministeriums Nordrhein Westfalen

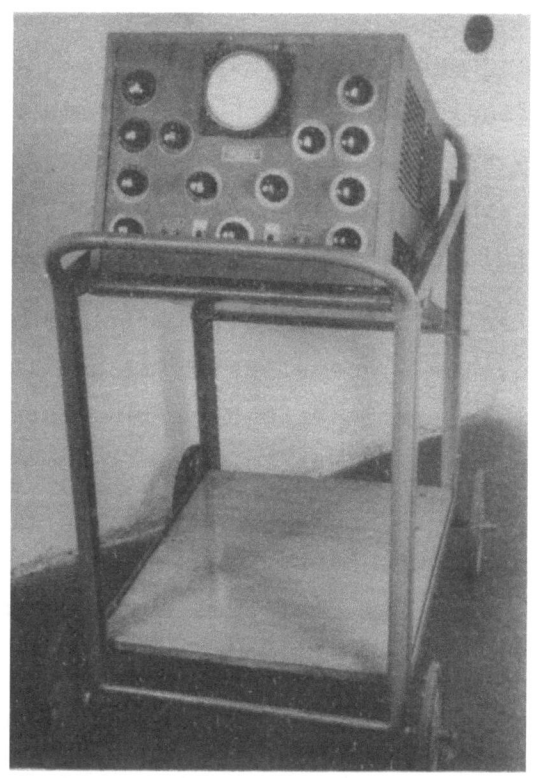

A b b i l d u n g 4
Zweistrahl - Oszillograph

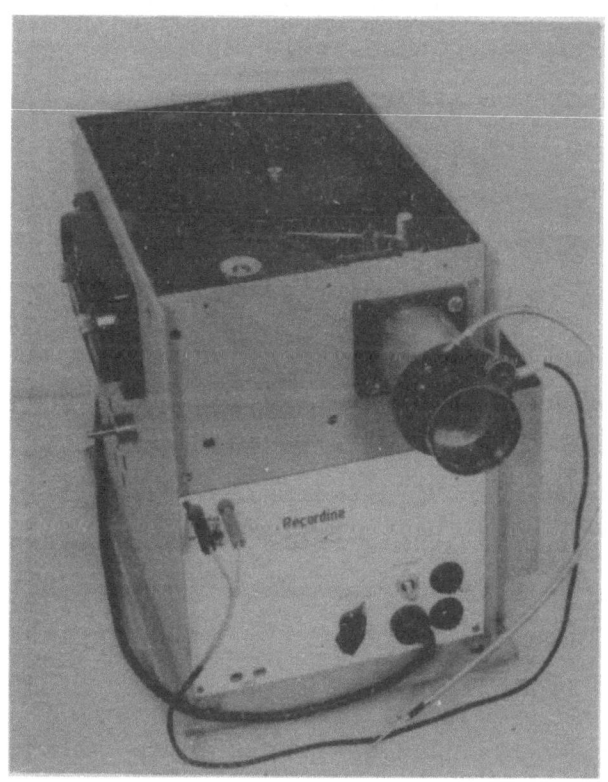

A b b i l d u n g 5
Universal - Registrierkamera

Zur Aufzeichnung der Wanderung der Lichtpunkte des Kathodenstrahl-Oszillographen findet fotoempfindliches Papier oder Filmmaterial Verwendung. Zwischen dem Schirm des Braun'schen Rohres und der Filmbühne ist dabei eine lichtstarke Optik eingeschaltet, die in bekannter Weise den Lichtpunkt auf dem fotoempfindlichen Papier (Film) abbildet.

Mittels eines eingebauten Motors kann bei der Aufnahme ein mehr oder weniger - in Größe einstellbar - schneller Abzug des fotoempfindlichen Diagrammpapier bewirkt werden. Durch eine besondere Schaltung ist dabei zu erreichen, daß der Transport mit absolut konstanter Geschwindigkeit und das Anlaufen und Stillsetzen sehr rasch erfolgt. Die Steuerung des Motors ist mit dem Verschluß der Kamera derart gekuppelt, daß dieser beim Öffnen des Verschlußes anläuft und beim Schließen sofort zum Stillstand kommt.

Mit dieser Vorrichtung lassen sich sehr interessante und aufschlußreiche Diagramme gewinnen, über die im nachstehenden näher berichtet wird.

Bei dieser Gelegenheit bleibt auf eine weitere bei der Durchführung von Fadenspannungsmessungen benutze Anordnung hinzuweisen. Sie hat die Aufgabe, den zweiten Strahl des Oszillographen abzulenken, wenn die Schlagwelle jeweils eine Umdrehung ausgeführt hat. Zu diesem Zweck wird eine auf einem Magnetkern aufgeschobene Spule in die Nähe eines mit der Schlagwelle umlaufenden besonders geformten eisernen Hebels gebracht. Dieser bewirkt im Vorbeigehen eine magnetische Flußänderung, wobei in der Spule ein Induktionsstrom entsteht. Der Stromimpuls wird verstärkt und beeinflußt das zweite Meßsystem des Oszillographen. Zu verweisen ist diesbezüglich auf Abbildung 11 und auf die später gezeigten Oszillogramme Abbildung 23 - 26.

Verschiedentlich fand bei den Untersuchungen für die Aufnahme der Lichtpunktwanderung auf dem Schirm der Kathodenstrahlröhre auch eine einfache Fotokassette Verwendung. Der Film (normales Format 6x9) wird von der Vorratsrolle abgezogen und auf eine größere Trommel aufgewickelt, die ihre Bewegung durch einen kleinen aufgesteckten Synchron-Motor erhält. Die Kassette Abbildung 6 kann auf einem Tubus aufgesetzt werden, der direkt am Oszillographen zu befestigen ist.

Für die Untersuchung des Spannungsverlaufs beim Abziehen eines Fadens mit großer Geschwindigkeit aus einem Webschützen fand die aus Abbildung 7

Forschungsberichte des Wirtschafts- und Verkehrsministeriums Nordrhein Westfalen

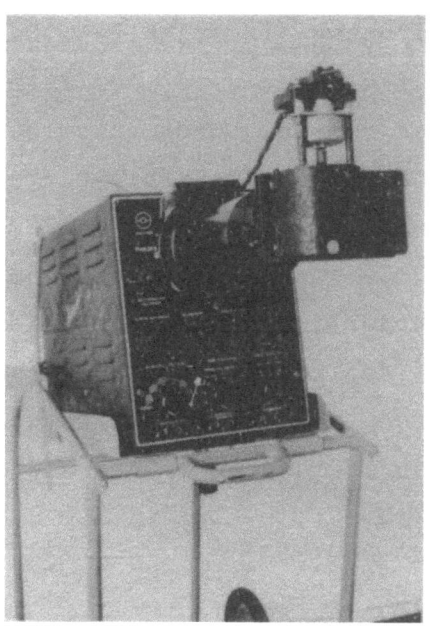

Abbildung 6

Abbildung 7
Schußfaden - und Abzugsvorrichtung mit Meßkopf

ersichtliche Einrichtung Verwendung. Hier ist der Meßkopf zwischen Schützen und einer Abzugsvorrichtung eingeschaltet. Der für die Bewegung der Abzugsrolle verwendete Käfigläufer-Motor vermittelt dem Faden eine Abzugsgeschwindigkeit von ca. 44 cm/min. Durch Aufsetzen oder Abheben der Preßrolle konnte der Fadenablauf auch stoßartig eingeleitet und ebenso rasch wieder unterbrochen werden. Um ein Wickeln des Fadens auf der Ablauftrommel zu verhindern, wurde zusätzlich eine injektorartig aufgebaute Düse angewendet. Den erforderlichen Luftstrom liefert dabei ein kleiner Kompressor-Motor, der auf Abbildung 7 ebenfalls zu erkennen ist. Die gesamte Meßeinrichtung besteht aus Abzugsvorrichtung, Fadenspannungsmeßgerät, der beschriebenen Hochfrequenzmeßbrücke und einer Registriervorrichtung.

2. Stroboskopische Beobachtungsgeräte

Wie schon einleitend angegeben, kann zur Erfassung rasch ablaufender Bewegungsvorgänge eine Filmkamera bzw. ein Zeitdehner Verwendung finden. Gut scharfe Bilder ergeben sich von einzelnen Vorgängen auch dann, wenn mit einer normalen Kamera und mit einem "Elektronenblitzgerät" gearbeitet wird. Die normalen Einrichtungen ermöglichen allerdings keine selbsttätige Auslösung des Lichtblitzes in Abhängigkeit von dem zu beobachtenden Vorgang, vielmehr ist hierzu ein Stroboskop erforderlich. Ein Stroboskop gibt in rasch verlaufende, sich periodisch wiederholende Vorgänge dadurch einen Einblick, daß dem Auge der drehende oder schwingende Körper in gleichbleibender mit dem Bewegungsvorgang synchroner Folge jeweils kurzzeitig sichtbar gemacht wird. Allgemein bekannt sind die einfachen "Schlitzscheiben" - Stroboskope.

Nachdem die moderne Elektrotechnik lichtstarke " Blitzröhren " zur Verfügung stellt, haben sich in neuerer Zeit für die Durchführung einschlägiger Aufgaben " Lichtblitz-Stroboskope " in größerem Umfange eingeführt. Ein solches Gerät (Abbildung 8) besteht im wesentlichen aus einem Kippschwingkreis, der die Aufgabe hat, in der Frequenz einstellbar, für eine gewählte Einstellung, in konstanter Folge sich wiederholende Stromimpulse zu erzeugen. Diese werden benutzt, um - meist über ein "Stromtor" (Thyratron) - Entladungen von Kondensatoren zu bewirken, die über ein Netzanschlußgerät dauernd wieder aufgeladen werden.

Forschungsberichte des Wirtschafts- und Verkehrsministeriums Nordrhein Westfalen

Diese Stromladungen erfolgen über die stroboskopische Lampe, die dabei sehr hell aufleuchtet, aber auch sofort wieder verlischt, wobei eine Lichtblitzdauer von weniger als 1/50.000 s erreicht werden kann.

Mit solchen Stroboskopen ist es möglich, gestochen scharfe Bilder von rasch drehenden oder schwingenden Körpern zu erhalten. Durch Verstimmung der Lichtblitzfolge gegenüber der Dreh- oder Schwingfrequenz lassen sich einzelne Phasen der Bewegungsvorgänge genau verfolgen und studieren.

Die Geräte werden oft auch zur Durchführung von indirekten Drehzahlmessungen benutzt. Bei Übereinstimmung der Lichtblitzfrequenz mit der des Bewegungsvorganges ist die minutliche Drehzahl an der großen von hinten beleuchteten Skala abzulesen.

Die Trägheit des Auges vermittelt bei solchen stroboskopischen Beobachtungen stehende Bilder erst dann, wenn mit einer sekundlichen Lichtblitz-

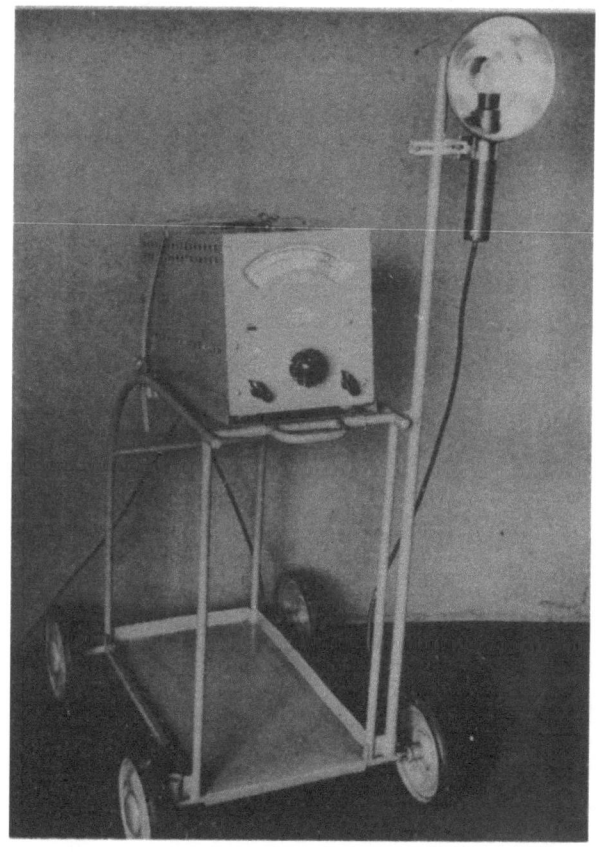

A b b i l d u n g   8
Lichtbild-Stroboskop

folge von mindestens 12 gerechnet werden kann. Die Kippschwingkreise von Lichtblitzstroboskopen nach Abbildung 8 sind deshalb im allgemeinen so gewählt, daß Lichtblitzfrequenzen über 600/min (beispielsweise 600 - 12.000) einzustellen sind. Die Bewegungsvorgänge beim Webstuhl verlaufen demgegenüber wesentlich langsamer. Bei einer Schußzahl von 150/min müßten 2 1/2 Lichtblitze/s von der stroboskopischen Lampe abgestrahlt werden, wenn ein scheinbarer Stillstand der hin- und hergehenden Weblade oder der sich drehenden Kurbelwelle erzielt werden soll. Zu beachten ist hierbei, daß für die Beobachtung des Schützenfluges noch kleinere Frequenzen infrage kommen, da es sich jeweils darum handeln wird, aufzuzeigen, wie sich der von rechts oder von links in das Fach einlaufende Schützen verhält.

Für die am Webstuhl durchgeführten Untersuchungen fand ein "Einzelblitzgeber" Abbildung 9 Verwendung, der sich ebenfalls einer stroboskopischen Lampe bedient und der normalerweise aber nicht durch einen Kippschwingkreis sondern durch einen mechanischen Kontaktgeber ausgelöst wird. Dieser "Webstuhlkontaktgeber" (Abbildung 10) wird zweckmäßig mechanisch

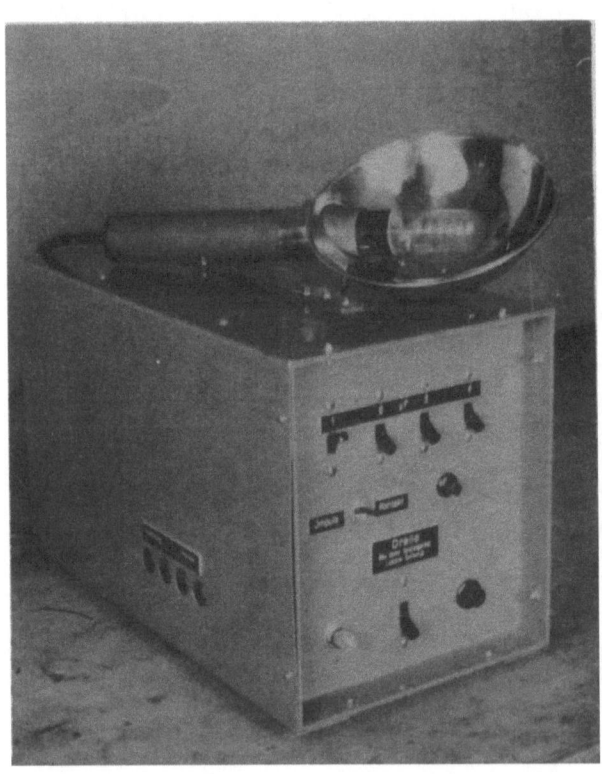

Abbildung 9
Einzelblitzgeber

Abbildung 10
Webstuhlkontaktgeber

mit der Schlagwelle des Webstuhles verbunden. Er gibt bei jeder Umdrehung Kontakt und schließt damit den Steuerstromkreis des Einzelblitzgebers.

Mit solchen Einrichtungen sind sehr aufschlußreiche Untersuchungen durchzuführen, wenn es sich darum handelt, die Flugbahn des Schützen zu bestimmen. Es kann in einfacher Weise auch in direktem Verfahren die zu jeder Lage des Schützens im Fach gehörende Kurbelwellenstellung gefunden werden. Solche Feststellungen sind bei Beobachtung mit dem bloßen Auge zu treffen. Bei dem verhältnismäßig großen Abstand, mit dem die Lichtblitze aufeinander folgen, vermag das Auge allerdings keine ruhig stehenden Bilder zu vermitteln. Die Beobachtungen werden deshalb zweckmäßig im abgedunkelten Raum durchgeführt, damit der Beobachter nicht durch anderweitige Bewegungsvorgänge abgelenkt wird. Um die jeweilige Lage der

Abbildung 11
Webstuhlkontaktgeber am Webstuhl

Kurbelwelle bzw. der Schlagwelle genau festzustellen und danach den Auslöseimpuls zu bestimmen, ist der Webstuhlkontaktgeber (vergl. auch Abbildung 11) mit einer Kreisskala versehen. Von der Totpunktlage oder der Stellung der Schlagnase ausgehend wird die Einrichtung zunächst auf Null eingestellt. Es ist dann beim Verdrehen der Kontaktvorrichtung zwecks Verlagerung des Zündzeitpunktes für das Stroboskop ohne weiteres möglich abzulesen, um wieviel der Kontaktgeber gegenüber der Ausgangsstellung verdreht wurde.

Diese Verstellung erfolgt entweder von Hand oder zweckmäßiger mittels eines kleinen Verstellmotors, der über Druckknopf vorwärts oder rückwärts zu steuern ist.

Forschungsberichte des Wirtschafts- und Verkehrsministeriums Nordrhein Westfalen

Die Lichtstärke des Einzelblitzgebers reicht aus, um photographische Aufnahmen durchzuführen. Dabei können auch Einzelheiten sichtbar gemacht werden, die das Auge während des kurzen Aufleuchtens der Blitzröhre nicht erfassen kann. Die Anordnung ist dabei so zu treffen, daß die Kontaktvorrichtung in eine Lage gebracht wird, die für eine durchzuführende Beobachtung besonders günstig ist. Es wird dann auf die Kamera umgeschaltet und über deren Blitzkontakt erreicht, daß die Blitzröhre bei geöffnetem Verschluß einmal hell aufleuchtet und dabei die gewünschte Belichtung des eingelegten Filmes bzw. einer eingelegten Platte ergibt.

Wird bei solchen Untersuchungen so vorgegangen, daß von Belichtung zu Belichtung der Kontaktgeber jeweils um einen bestimmten gleichen Winkel weiter verdreht wird, dann lassen sich Unterlagen für die Aufzeichnung von Schützen-Flug-Diagrammen gewinnen.

Die Verwendung einer magnetelektrisch angesteuerten "Robot"-Kamera ermöglicht die Durchführung von Serienaufnahmen. Hierbei wird der Kontaktgeber an der Schlagwelle benutzt, um den Magneten der Fortschaltvorrichtung zu erregen und damit die Kamera zu betätigen. Der Auslösekontakt der Kamera ist wieder mit dem Einzelblitzgeber verbunden und bringt die stroboskopische Lampe zum Aufleuchten. Mit einer solchen Einrichtung kann beispielsweise aufgezeigt werden, wie sich der Schützen durch das Fach bewegt.

Die Robot-Kamera arbeitet wie ein langsam laufendes Filmaufnahmegerät, wenn die Auslöseimpulse für die elektromagnetische Fortschaltvorrichtung in gleichbleibender periodischer Folge gegeben werden. Um die Serienaufnahmen durchführen zu können, wurde ein besonderes Kippgerät entwickelt, das mit einem Thyratron arbeitet und das in Frequenzbereichen 5/s bis 12/min stufenlos einzustellen ist. Steuergerät, Robot-Kamera und zugehörige magnetelektrische Auslösevorrichtung sind auf Abbildung 12 zu sehen.

Einen für die behandelten Untersuchungen eingesetzten Webstuhl und die im einzelnen vorbeschriebenen Meß- und Beobachtungsgeräte sind auf der Gesamtaufnahme Abbildung 13 zu sehen.

Forschungsberichte des Wirtschafts- und Verkehrsministeriums Nordrhein-Westfalen

Abbildung 12
Robot-Kamera mit Steuergerät

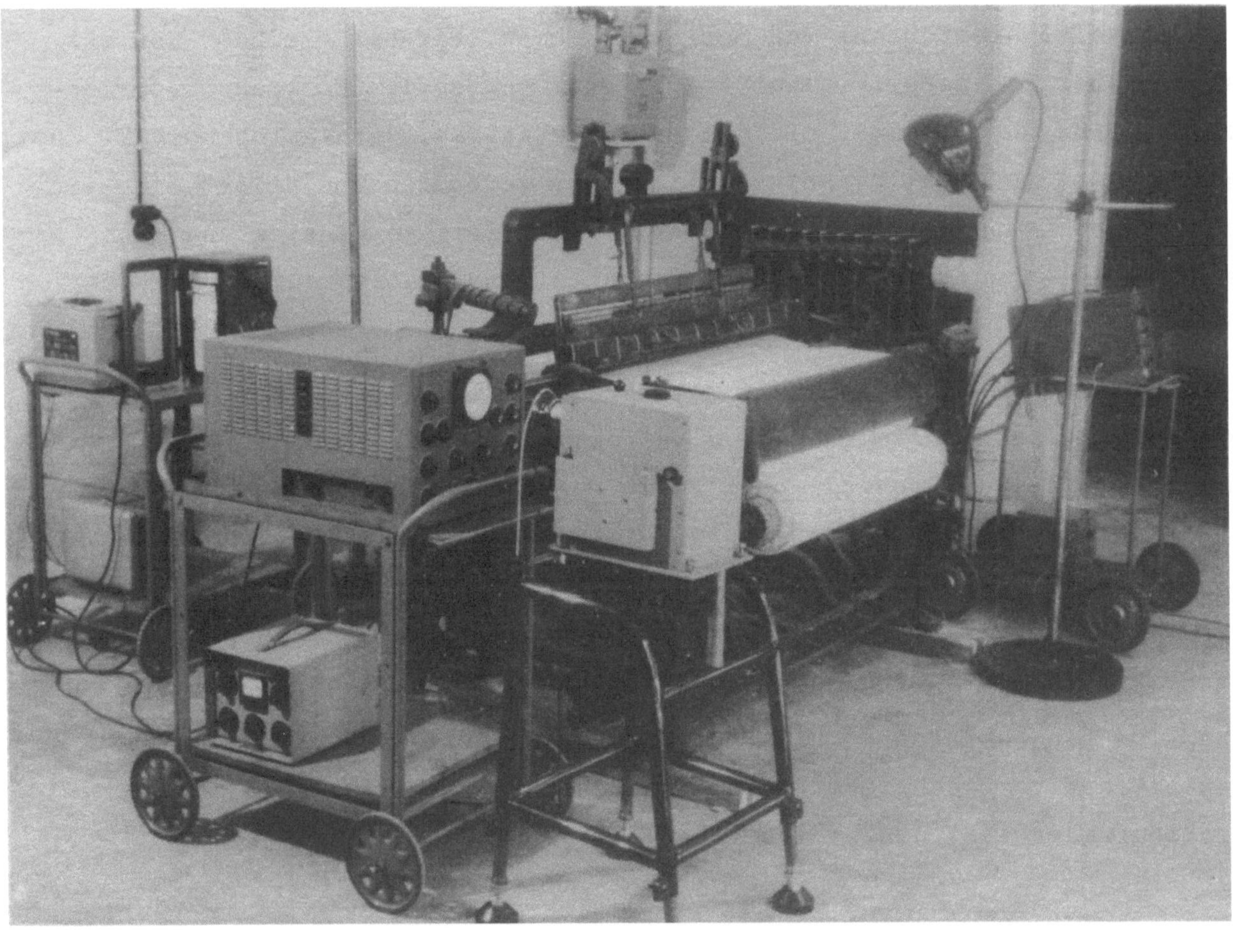

Abbildung 13

Forschungsberichte des Wirtschafts- und Verkehrsministeriums Nordrhein Westfalen

D. Versuchsdurchführung und Versuchsergebnisse

Die Kettfadenspannungsmessungen und die stroboskopischen Untersuchungen zur Erfassung der Schützenbewegung wurden an einem Lentz-Unterschlagwebstuhl, 120 cm Blattbreite, mit einseitigem 2-kästigem Wechsel und Festblatteinrichtung bei einer Drehzahl von 118 je min durchgeführt[*]. Die Bremsung des Kettbaumes erfolgte mittels Kettenbremse. Es wurde mit einer Vorderfachlänge von 255 mm und einer Hinterfachlänge von 320 mm gewebt. Bei leicht unsymmetrischem Fach betrug die Hubhöhe der Schäfte 85 bzw. 90 mm. Die Schaftbewegung erfolgte sinusförmig mit eingeschaltetem Stillstand. Als Kettmaterial wurde Baumwollzwirn Nm 34/2, als Schuß Baumwollgarn Nm 20 verwendet. Die Kettdichte betrug 18 Fd/cm, die Schußdichte wurde verändert (zwischen 11 und 21 Fd/cm). Gewebt wurde leinwandbindige Ware bei paarweise zusammengeschnürten Schäften und einem Einzug 1 - 3 - 2 - 4.

Die Schußfadenspannungsmessungen bezogen sich auf Untersuchungen verschiedener Fadenbremsen, die in abmessungsgleichen Baumwoll-Spindelschützen zur Verfügung standen. Dabei wurde Baumwollgarn Nm 20 auf durchgehenden Hülsen bei Verwendung von vier verschiedenen Führungen bzw. Fadenbremsen abgezogen. - Weiterhin wurden die Schußfadenspannungen bei verschiedenen Schützensystemen gemessen. Hierbei fanden ein Deckelwebschützen für Leinengarn-Schlauchkops mit Federbremsung und Abzug durch ein Porzellanauge und ein Webschützen für Leinengarn-Automatenspulen mit üblicher Einfädlervorrichtung und Bremsung durch Bürsten Verwendung. Als Material stand für diese Versuche Flachsgarn, roh, Nm 30 und Werggarn, 3/4-weiss, Nm 12 zur Verfügung.

Die Messungen der Schußfadenspannung erfolgten - wie bereits im Abschnitt C beschrieben - ausserhalb des Webstuhles. Dabei konnten die wahren Verhältnisse im Bezug auf die wechselnde Fadenabzugsgeschwindigkeit allerdings nicht eingehalten werden. Die Messungen fanden bei konstanter Schußfadengeschwindigkeit statt. Die hierbei angewandte Abzugsgeschwindigkeit

---

[*] Der Webstuhl wurde freundlicherweise von der Textilingenieurschule M.-Gladbach-Rheydt zur Verfügung gestellt, in der auch ein Teil der Versuche durchgeführt wurde.

betrug 440 m/min, ein Wert, der den praktischen Verhältnissen nahe kommt, ohne ihn allerdings ganz zu erreichen.

I. Spannungsmessungen an Kettfäden

1. Ort der Spannungsmessung, Aufzeichnung der Meßwerte

Über die Frage, an welcher Stelle der Kette die Spannungsmessungen sinnvoll auszuführen sind, kann verschiedene Ansicht herrschen. Die Untersuchungen, über deren Ergebnisse zu berichten ist, erfolgten an Fäden zwischen Kettbaum und Streichbaum, wobei eine Dämpfung der Spannungsspitzen und der gemessenen Werte durch die Fadenreibung am Streichbaum in Kauf zu nehmen war. Für die Messung zwischen Streichbaum und Geschirr hätte es zusätzlicher Vorrichtungen bedurft, um den zu messenden Faden trotz dessen Auf- und Abwärtsbewegung, bedingt durch die Schwingungen des Streichbaumes und der Teilstäbe, zu führen. Vergleichende Aufnahmen haben jedoch gezeigt, daß der Spannungsverlauf an dem gleichen Faden - gemessen vor und hinter dem Streichbaum - keine nennenswerten Abweichungen zeigte. Am meisten hätte die Messung der Kettfadenspannung im Bereich des Webgeschirrs interessiert, da dort die höchsten Beanspruchungen auftreten, wie dies Untersuchungen über die Häufigkeit der beim Weben auftretenden Fadenbrüche hinsichtlich ihres Ortes ergeben. Die Fadenspannungsmessung ist aber an dieser Stelle der Kette mit den vorhandenen Einrichtungen nicht durchführbar. Es ist zudem anzunehmen, daß sich die Fadenspannungen im Bereich des Geschirrs praktisch unverändert oder zumindest nicht wesentlich geschwächt auf die Kettfäden am Streichbaum auswirken.

Der zur Messung herangezogene Kettfaden wurde nach Einknoten eines Fadenstückes in der im Abschnitt C beschriebenen Weise über das Meßorgan gelegt, wobei - um Erschütterungen des Webstuhles von dem Meßsystem möglichst weitgehend fernzuhalten - das Gerät auf einem besonderen Stativ hinter dem Webstuhl seinen Platz hatte. Die Aufnahmen begannen erst dann, wenn die Fadenspannung sich nach dem Weben eines genügend langen Gewebestückes der Spannung der übrigen Fäden angepaßt hatte.

Die Aufzeichnung der von dem Meßkopf erfassten Fadenspannungswerte erfolgte entsprechend den in Abschnitt C dargelegten Möglichkeiten sowohl über eine Hochfrequenzmeßbrücke durch einen elektrischen Tintenschreiber, als auch über einen Oszillographen auf photographischem Wege. Für die unter D 1 bis D 11 beschriebenen Versuche wurde hierbei ein Einstrahl-Oszillograph verwendet. Bei der Aufzeichnung der Spannungskurve durch dieses Gerät fehlt die Möglichkeit einer Markierung bestimmter Kurbelwellenstellungen, die erwünscht ist, um einen Zusammenhang zwischen dem aufgezeichneten Spannungsverlauf und den Bewegungsvorgängen im Webstuhl herzustellen. Es bleibt, von markanten Punkten der Kurve (z.B. Blattanschlag) auf die jeweilige Stellung der Kurbelwelle zu schließen. - Bei späteren Untersuchungen (D 12 bis D Io) wurde ein Zweistrahloszillograph eingesetzt, bei dem die erwähnte Markierungsmöglichkeit gegeben ist.

2. Messungen bei Normaleinstellung des Webstuhles

Bei einer gewählten Schußdichte von 16 Fd/cm wurde eine dem Gefühl nach als normal zu bezeichnende Kettspannung eingestellt. Die Aufteilung der Kettfäden durch Teilstäbe erfolgte im Verhältnis 1 : 1.

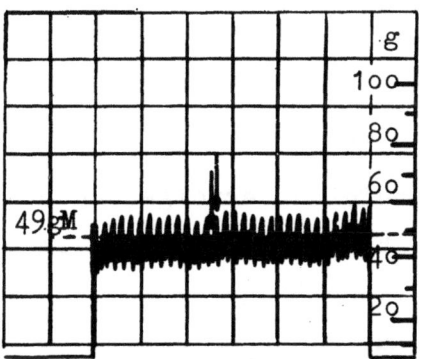

Normale Kettspannung

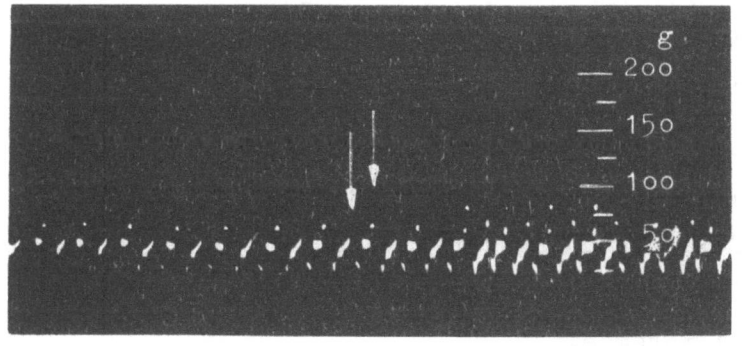

Abbildung 14

Kettfadenspannungsmessungen an Webstühlen

Forschungsberichte des Wirtschafts- und Verkehrsministeriums Nordrhein Westfalen

Abbildung 14 zeigt die gefundenen Spannungskurven, und zwar stellt das obere Bild die vom Schreibgerät aufgezeichnete, das untere Bild die vom Oszillographen auf einen Filmstreifen übertragene Kurve dar. In diesem Zusammenhang sei darauf hingewiesen, daß alle im Bericht enthaltenen Diagramme von rechts nach links zu lesen sind.

Beide Bilder lassen zwei verschieden hohe Spitzen in periodischer Aufeinanderfolge erkennen. Da die höchsten Spannungen in der Kette bekannterweise durch den Blattanschlag hervorgerufen werden, zeigen diese markanten Kurvenspitzen jeweils den Blattanschlag an. Die Diagrammlänge zwischen zwei Spitzen entspricht somit einer Kurbelwellenumdrehung bzw. einer halben Schlagexzenterwellenumdrehung, also einem halben Webstuhlspiel. Die unterschiedliche Höhe der Spannungsspitzen ist auf die verschieden große Spannung zurückzuführen, die der Meßfaden im Ober- bzw. Unterfach entsprechend der unterschiedlichen Schaftaushebung im Zeitpunkt des Blattanschlages hat. Der Blattanschlag kommt daher einmal stärker, das andere Mal weniger stark zur Wirkung. Der Unterschied in der Höhe der Spannungsspitzen würde noch stärker zum Ausdruck kommen, wenn keine bei einer Garnaufteilung 1 : 1 die Fadenspannung ausgleichenden Teilstäbe vorhanden gewesen wären. Wie noch zu zeigen sein wird (Abschn. D I8 und D I10) erhöhen sich tatsächlich die Spannungsunterschiede bei einer Garnaufteilung 2 : 2 bzw. bei Fortfall der Teilstäbe.

Die verschiedene Höhe der aufeinanderfolgenden Spannungsspitzen ist sowohl im Diagramm des Schreibgerätes, als auch im Oszillographenbild deutlich zu erkennen. Das praktisch trägheitslos aufgenommene Oszillogramm zeigt im Gegensatz zu der Aufzeichnung des nicht ohne Reibung arbeitenden Tintenschreibers zudem Spannungsschwankungen kleinen Ausmaßes zwischen zwei Blattanschägen. Diese ergeben sich aus der Fach- und Streichbaumbewegung sowie der Verlagerung der Teilstäbe.

Demgegenüber ist aus dem geschriebenen Diagramm, das infolge des kleinen Papiervorschubes eine Aufnahme über längere Zeit darstellt, ein wellenförmiger Verlauf der Spannungskurve zu erkennen. Er beruht auf einem unstetigen Abzug der Fäden vom Kettbaum, bedingt durch dementsprechende Arbeit der Kettbaumbremse.

Durch Ausplanimetieren der Diagrammfläche des Tintenschreibers wurde eine mittlere Kettfadenspannung von 49 g an der Meßstelle ermittelt.

Forschungsberichte des Wirtschafts- und Verkehrsministeriums Nordrhein Westfalen

3. Veränderung der Kettspannung

Der Einfluß abweichend eingestellter Kettspannung durch Veränderung der Kettbaumbremsung auf den Spannungsverlauf ist aus Abbildung 15 und 16 zu ersehen, wobei einmal mit extrem niedriger, das andere Mal mit anomal hoher Fadenspannung gearbeitet wurde.

Ein Vergleich dieser extremen Kettspannungen mit der für eine Schußdichte von 16 Fd/cm normalen (vergl. Abbildung 14) zeigt zunächst, wie nicht anders zu erwarten, einen in ihrer Höhe unterschiedlichen Verlauf der Kurven. Ein Ausplanimetrieren der Tintenschreiber-Diagrammflächen ergab folgende Werte:

       Normale Spannung . . . . 49 g (Abb. 14)
       Niedrige Spannung . . . . . . 16 g (Abb. 15)
       Hohe Spannung . . . . 54 g (Abb. 16)

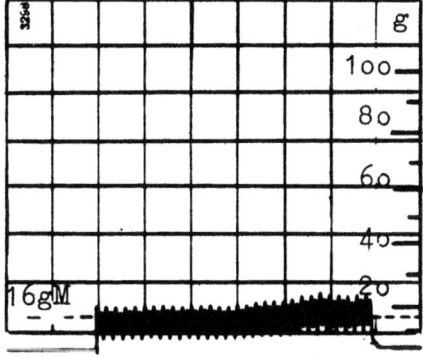

Geringe Kettspannung

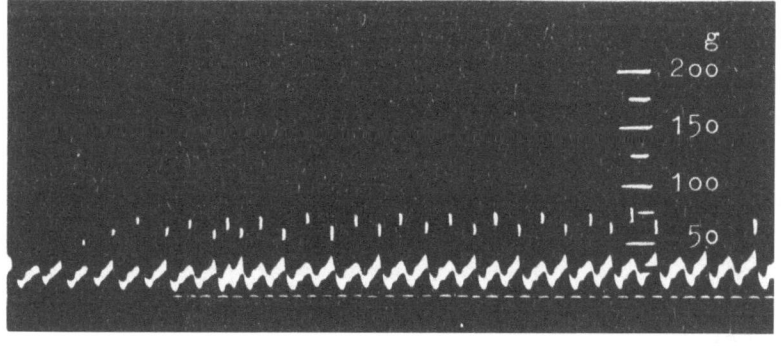

A b b i l d u n g 15
Kettfadenspannungsmessungen an Webstühlen

Forschungsberichte des Wirtschafts- und Verkehrsministeriums Nordrhein Westfalen

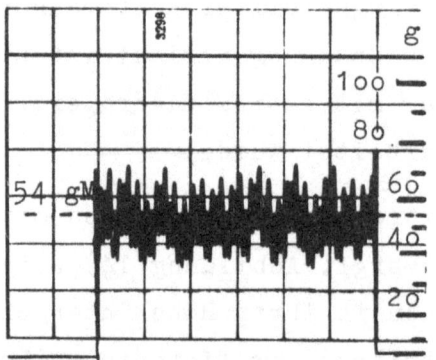
Hohe Kettspannung

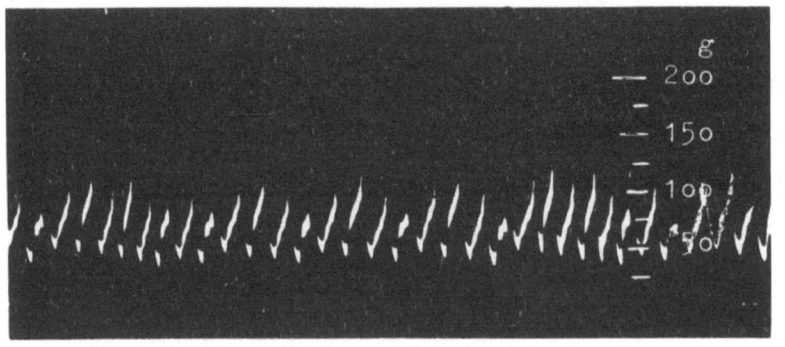

Abbildung 16
Kettfadenspannungsmessungen an Webstühlen

Weiter kann beobachtet werden, daß der Schwankungsbereich der Spannungen je nach Höhe der Kettspannung sehr verschieden ausfällt. Im Mittel wurden folgende Werte für die Schwankungshöhe in den Tintenschreiber-Diagrammen festgestellt:

   Normale Spannung . . . . ca. 19 g (Abb. 14)
   Niedrige Spannung . . . . . . ca. 13 g (Abb. 15)
   Hohe Spannung . . . . ca. 37 g (Abb. 16)

Grundsätzlich ist der unterschiedliche Schwankungsbereich bzw. die zunehmende Höhe der Spannungsspitzen zurückzuführen auf die bei stärkerer Bremsung entsprechend gesteigerte Vorspannung der Fäden, zu der die Beanspruchung durch den Blattanschlag tritt, während bei schwacher Bremsung der Blattanschlag eine in ihrer Dehnungsreserve noch wenig in Anspruch genommene Kette trifft.

Der wellenförmige Verlauf der Kurven in den Tintenschreiber-Diagrammen tritt wieder in Erscheinung, mit dem Unterschied, daß gegenüber der

Normaleinstellung bei übermäßig niedriger Spannung die Wellenperiode länger, bei extrem hoher Spannung sehr kurz ist. Das Ausmaß der periodischen Schwankung ist äußerst unterschiedlich und bei starken Bremsung am höchsten. Wie schon erwähnt, sind diese Erscheinungen auf unstetigen Kettgarnabzug vom Kettbaum zurückzuführen. Bei der hohen Bremsung kann ein gleichmäßiger Abzug des Kettgarnes gar nicht mehr erfolgen, vielmehr tritt ein stark ruckweises Nachlassen der Kette ein, wie dies auch durch Beobachtungen festgestellt werden konnte.

In den Oszillogrammen (Abbildung 15 und 16 unten) sind die zwischen den Spannungsspitzen bei Blattanschlag auftretenden Spannungsungleichmäßigkeiten wiederum deutlich zu erkennen, während sie in den geschriebenen Diagrammen (Abbildung 15 und 16 oben) von der Trägheit der Schreibvorrichtung verschluckt werden.

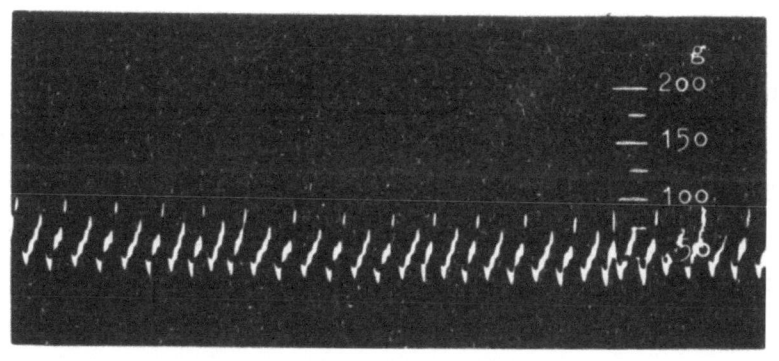

Geringe Schußdichte

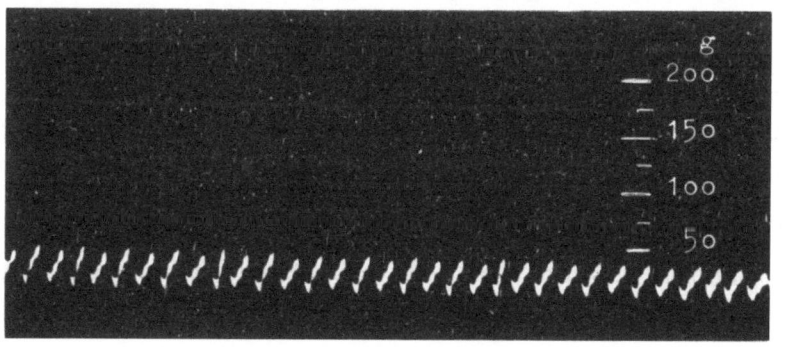

Hohe Schußdichte

A b b i l d u n g 17
Kettfadenspannungsmessungen an Webstühlen

Zusammenfassend kann gesagt werden, daß die Spannungsschwankungen in der Kette bei einer übernormalen Bremsung des Kettbaumes und damit extrem hoher Kettspannung stark zunehmen, während sie bei niedriger Kettspannung einem Ausgleich zustreben, was die aufgenommenen Diagramme bzw. Oszillogramme deutlich zum Ausdruck bringen. Der Anwendung einer niedrigen Kettspannung stehen bei höheren Schußfadendichten webtechnische Schwierigkeiten entgegen.

4. Unterschiedliche Schußdichten

Abbildung 17 zeigt die Abhängigkeit der Kettspannung von geringer und hoher Schußfadendichte (11 und 21 Fd/cm), wobei die Kettbaumbremsung - entgegengesetzt zur Handhabung in der Praxis - gleichgehalten wurde.

Das Oszillogramm für den Versuch mit geringer Dichte (11 Fd/cm, Abbildung 17 oben) weist gegenüber dem für den Webversuch mit Normaldichte (16 Fd/cm, Abbildung 17) keine wesentlichen Abweichungen im Verlauf der Spannungskurve, jedoch eine höhere mittlere Spannung auf.

In dem Oszillogramm für das Arbeiten mit hoher Schußdichte (21 Fd/cm, Abbildung 17 unten) sind stark ausgeprägte Spitzen, andererseits eine niedrige mittlere Höhe der Kurve festzustellen. Eine Erklärung hierfür kann, wie folgt, gegeben werden. Bis zu einer gewissen Höhe der Schußdichte bleibt der Kettablauf von ihr unbeeinflußt, jedoch treten bei niedriger Dichte infolge grossen Kettgarnabzuges höhere Spannungen auf. Bei hoher Schußdichte werden infolge Vortuchbildung die Fäden durch den Blattanschlag stark beansprucht (vergl. Spannungsspitzen im Oszillogramm). Gegenüber den letzteren Beanspruchungen erweist sich dann die Kettbaumbremsung als in ihrer Höhe nicht ausreichend, und es kommt zu einer gewissen Erschlaffung der Kettfäden, so daß der mittlere Spannungsverlauf zwischen den Spitzen absinkt. Die Messung ergab bei der niedrigen Schußdichte ein Mittel von etwa 60 g, bei hoher Schußdichte ein Mittel von etwa 30 g je Faden. Eine Nichtanpassung der Kettbaumbremsung an höhere Schußdichten, wie sie im vorliegenden Versuchsfall mit Absicht zugelassen wurde, kann zu erhöhten Kettfadenbrüchen und einem unreinen Webfach führen sowie schließlich den einwandfreien Schützenlauf infrage stellen.

Die Diagramme des Schreibgerätes gaben hinsichtlich des Spannungsverlaufes keine weiteren Erkenntnisse, so daß auf ihre Wiedergabe, wie in vielen der nachfolgenden Fälle, verzichtet wurde.

Forschungsberichte des Wirtschafts- und Verkehrsministeriums Nordrhein Westfalen

5. Unterschiedliche Streichbaumlage

Abbildung 18 gibt den Verlauf der Kettfadenspannung bei übermäßig tief (Bild oben) und übermäßig hoch gesetztem Streichbaum (Bild unten) wieder. In beiden Fällen wird das Fach, verglichen mit der Normaleinstellung, stark unsymmetrisch.

Die beiden Oszillogramme weisen untereinander und gegen das Normalbild (Abbildung 14) wesentliche Unterschiede auf. Bei übertrieben tief gesetztem Streichbaum sind die Spannungsspiele während zwei aufeinanderfolgenden Kurbelwellenumdrehungen in der Höhe deutlich gegeneinander versetzt, so daß im Bild auch die unteren Spitzen der Spannung, ebenso wie die Fachwechselspannungen, ungleich sind. Demgegenüber gleichen sich merkwürdigerweise die oberen Spitzen bei Blattanschlag aus, wenn auch die unterschiedliche Kurvenbreite bei zwei aufeinanderfolgenden Spielen bleibt.

Anders sind die Verhältnisse bei übermässig hochgesetztem Streichbaum, wie Abbildung 18 unten zeigt. Hier liegen die unteren Spitzen, wie bisher immer gefunden, auf gleicher Höhe, ebenso die Fachwechselspannungen. Der Höhenunterschied der aufeinanderfolgenden Blattanschlagspitzen ist aber besonders auffällig.

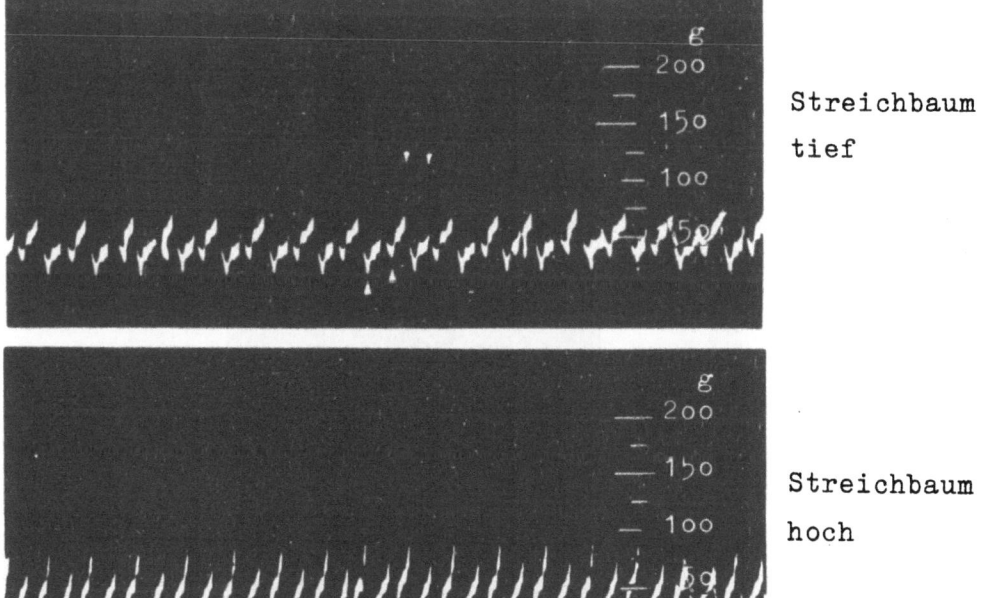

A b b i l d u n g 18
Kettfadenspannungsmessungen an Webstühlen

Es ist einleuchtend, daß bei absichtlicher Übertreibung der Fachunsymmetrie die Spannungsbeanspruchungen zunehmen. Die Aufnahmen, die mittels der modernen Geräte ermöglicht werden, zeigen in interessanter Weise, wie unterschiedlich die Spannungsverhältnisse je nach Lage des Streichbaumes sind, und bieten die Möglichkeit, durch offenbar weitere Beobachtungen auf diesem Wege den Ursachen der aufgezeigten Erscheinungen nachzugehen, was nicht die Aufgabe dieses Berichtes ist.

6. Streichbaumexzenterstellung

Jede von der Normalen abweichende Einstellung des Streichbaumexzenters muß erwartungsgemäß zu einer Erhöhung der Spannung beim Fachwechsel führen, da bei Offenfach die an sich schon hohe Fadenspannung zusätzlich vergrößert wird. Um diese Verhältnisse im Extremfall zu zeigen, wurde eine Streichbaumexzenterverstellung um 180° gegenüber der Normaleinstellung vorgenommen. Aus Abbildung 19 oben ist zu ersehen, daß hierdurch die Fachwechselspannungen beinahe die Höhe der Spannungsspitzen bei Blattanschlag erreichen.

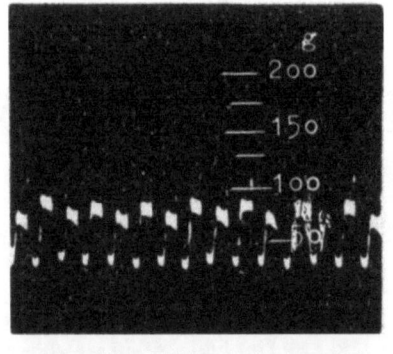

Streichbaumexzenter um 180° verstellt

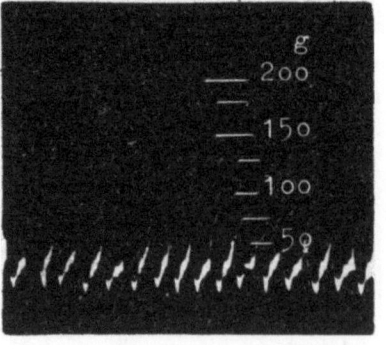

Fadenspannung bei Breithalter

Abbildung 19

Kettfadenspannungsmessungen an Webstühlen

Forschungsberichte des Wirtschafts- und Verkehrsministeriums Nordrhein Westfalen

7. Einfluß des Breithalters

Gegenüber einem Kettfaden aus der Mitte der Gewebebahn (Abbildung 14) liegt die mittlere Spannung eines Kettfadens im Bereich des Breithalters wesentlich tiefer (Abbildung 19 unten). Dieser Unterschied (etwa 30 g gegen etwa 50 g) dürfte darauf zurückzuführen sein, daß sich der Blattanschlag auf die in diesem Falle gut durch den Breithalter geführten Fäden nicht in dem Maße auswirken kann wie bei Fäden in der Gewebemitte.

8. Verschiedene Garnaufteilung durch Teilstäbe

Um den Einfluß verschiedener Garnaufteilungen auf die Spannungszustände des Einzelfadens festzustellen, wurden die Teilstäbe nicht wie bei allen bisherigen Versuchen in der Art eingeführt, daß sie in das durch paarweises Heben bzw. Senken des 1. und 2. bzw. 3 und 4. Schaftes gebildete Fach gelegt wurden, wodurch eine Garnaufteilung 1:1 erfolgte, vielmehr wurden sie in durch paarweises Heben bzw. Senken des 1. und 3. bzw. 2. und 4. Schaftes gebildete Fächer eingeführt, so daß die Aufteilung der Kettfäden 2:2 betrug. Beide Garnaufteilungsverfahren sind in Webereien üblich. Die erstere Art wird gern bei höheren Schußdichten angewandt. Die Teilstäbe versuchen, sich hierbei den erforderlichen Kettfadenlängen anzupassen, indem sie sich nach oben und unten verlagern und dadurch einen gewissen Spannungsausgleich herbeiführen. Die andere Art der Garnaufteilung wird vorwiegend für lose Gewebeeinstellung herangezogen, wobei eine Anpassung der Teilstäbe während der Garnverkreuzungen in Ober-und Unterfachstellungen an die jeweiligen Garnlängen nur in geringem Maße gegeben ist. Die letzgenannte Garnaufteilung hat eine Walkwirkung zur Folge und dient mit dazu, die Gefahr von Rietstreifigkeit zu verringern.

Demzufolge sind die abwechselnden Höhen sowohl der durch den Fachwechsel hervorgerufenen Spannungen, als auch der durch die Blattanschläge bedingten Spannungsspitzen bei der Garnaufteilung 2:2 ungewöhnlich unterschiedlich (Abbildung 20 unten). Abbildung 20 oben bringt als Vergleich den bereits in Abbildung 14 gezeigten Kurvenverlauf bei einer Garnaufteilung 1 : 1 .

Forschungsberichte des Wirtschafts- und Verkehrsministeriums Nordrhein Westfalen

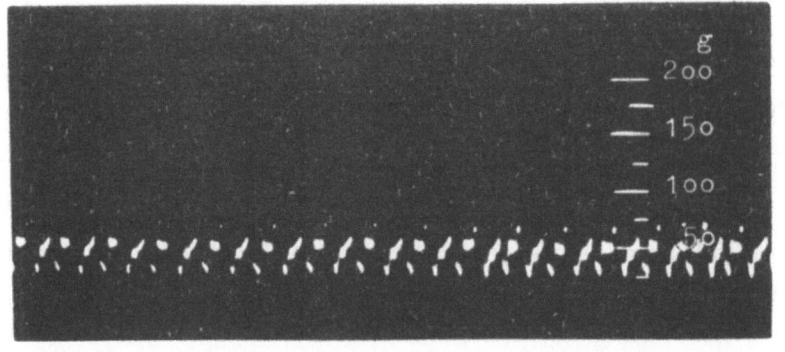

Garnaufteilung
1 : 1

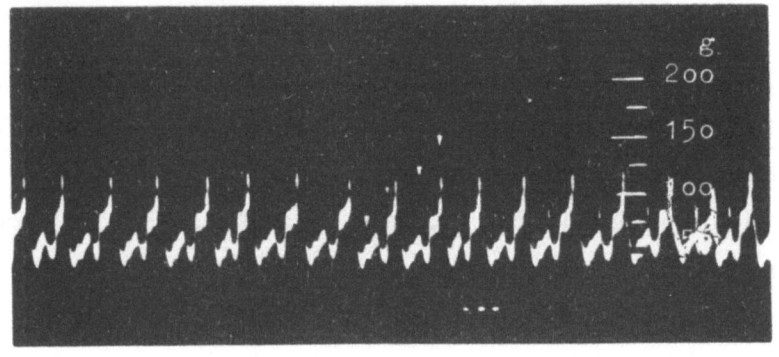

Garnaufteilung
2 : 2

A b b i l d u n g 20
Kettfadenspannungsmessungen an Webstühlen

9. Unterschiedliche Fachhöhen

Um zu überprüfen, ob bei einer höheren Schaftaushebung die damit verbundene Spannungssteigerung am Kettfaden durch das angewandte Meßverfahren registriert wird, erfolgte die Messung an einem Faden, der durch den 2. Schaft (größerer Schafthub) bewegt wurde, während bisher an einem durch den 3. Schaft ausgehobenen Faden (kleinerer Schafthub) gemessen wurde.

In Abbildung 21 sind die an beiden Fäden aufgenommenen Oszillogramme enthalten. Das obere Bild zeigt den Kurvenverlauf an dem durch den 3.Schaft geführten Faden, während das untere Bild für den Faden des 2. Schaftes gilt. Wie ersichtlich, liegt die mittlere Spannung im zweiten Fall, also bei größerem Schafthub, höher (etwa 50 gegen 65 g); gleichzeitig ist die Spannungsschwankung breiter. Bei dem relativ geringen Unterschied der Fachhöhe, der hier zum Ausdruck kam, sind die Veränderungen der Spannungen recht beachtlich und lassen darauf schließen, daß erhebliche

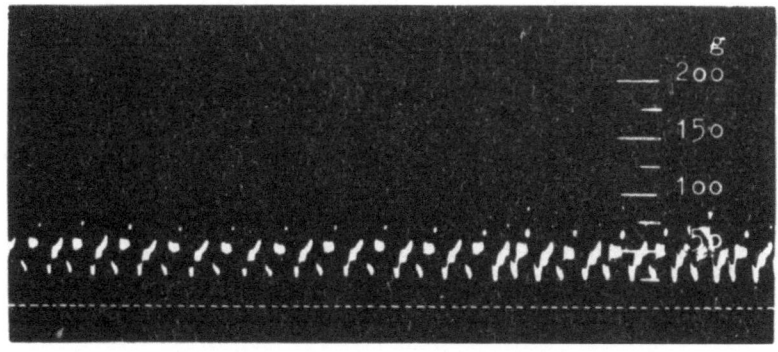

Faden vom 3. Schaft (kleinere Fachhöhe)

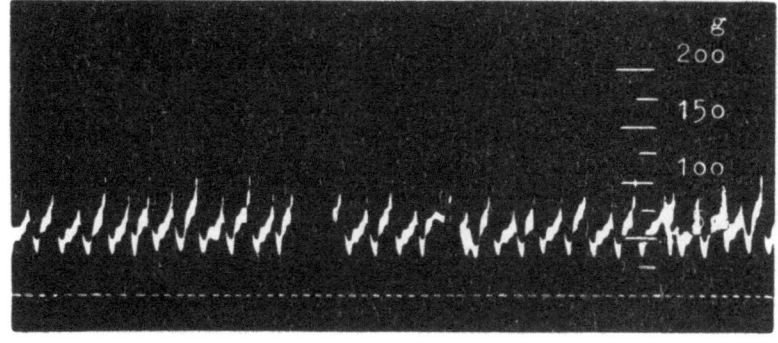

Faden vom 2. Schaft (größere Fachhöhe)

Abbildung 21
Kettfadenspannungsmessungen an Webstühlen

Spannungserhöhungen infrage kommen, wenn Fachhöhenvergrößerungen im Betrieb vorgenommen werden. Leider war ein derartiger Versuch während der Messungen nicht möglich.

10. Fester und beweglicher Streichbaum

Um den Verlauf der Kettfadenspannung bei festem und beweglichem Streichbaum besser erfassen zu können, wurden die Teilstäbe entfernt. Hierdurch treten die Unterschiede in den Spannungsspitzen (Abbildung 22) stärker in Erscheinung, da der Spannungsausgleich durch die Stäbe fehlt, und zwar in einem ähnlichen Maße, wie dies bei der 2:2-Garnaufteilung der Fall war (Abbildung 20 unten).

Ein Vergleich der beiden Messungen läßt erkennen, daß ein feststehender Streichbaum zu einer Steigerung sowohl der mittleren Spannung, als auch der Breite der Spannungsschwankung führt. Die mittlere Spannung wurde

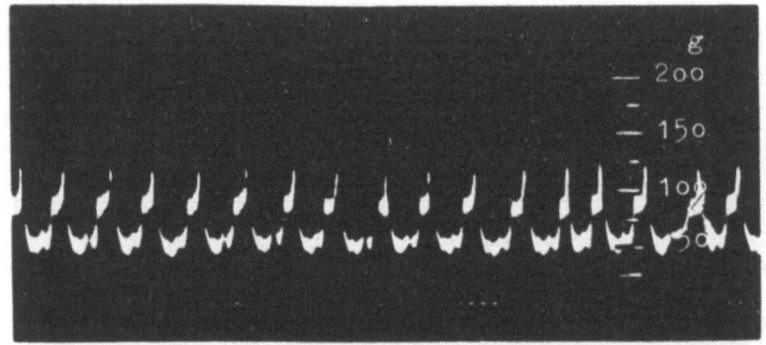
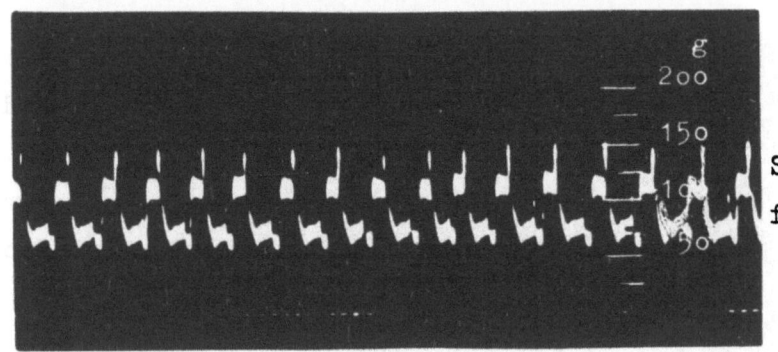

Abbildung 22
Kettfadenspannungsmessungen an Webstühlen

beim feststehenden mit etwa 100 g (Abbildung 22 unten), beim beweglichen mit etwa 80 g (Abbildung 22 oben) festgestellt.

Die unterschiedliche Auswirkung des festen und beweglichen Streichbaumes auf die Spannungshöhe der Kettfäden war zu erwarten, da im ersten Falle eine stärkere Spannung der Fäden infolge Fehlens eines Garnlängenausgleiches bei Fachwechsel eintritt.

Wie bereits dargelegt, erfolgten die bisherigen Messungen mit einem Einstrahloszillographen, bei dem die Registrierung einer bestimmten Kurbelwellenstellung nicht gegeben war. In Fortsetzung der Versuche wurde ein Zweistrahloszillograph eingesetzt. Dabei fand eine Spezialkamera Verwendung, die den Filmtransport mit verschiedenen Geschwindigkeiten erlaubte. Die Filmgeschwindigkeit konnte hierbei derart erhöht werden, daß die Aufzeichnungen des Spannungsverlaufs gegenüber den Messungen mit dem Einstrahloszillographen um ein Vielfaches auseinandergezogen erscheinen und so die Einzelheiten besser zu erkennen sind (vergl. die Gerätebeschreibung in Abschnitt C). Im übrigen erfolgten die Messungen wie unter D I,1 beschrieben. Die Verwendung des Zweistrahloszillographen gab die Möglichkeit einer zusätzlichen Markierung bestimmter Kurbelwellenstellungen. In allen folgenden Oszillogrammen erfolgte diese Markierung bei jeder zweiten Geschlossenfachstellung (Kurbelhochstand); sie wurde von der Schlagexzenterwelle ausgelöst. - Von einer Wiedergabe der Tintenschreiberdiagramme, die bei den folgenden Messungen ebenfalls mit aufgenommen wurden, konnte abgesehen werden, weil sie gegenüber den Oszillogrammen keinen weiteren Aufschluß gaben.

11. Kettfadenspannungsmessung im Ruhe- und Bewegungszustand

Zur Feststellung der Kettfadenspannungen im Ruhestand wurden folgende Webstuhleinstellungen von Hand aus vorgenommen und die dabei auftretenden Spannungszustände registriert:

    a) 1. Geschlossenfachstellung (Kurbelhochstand[*])
    b) 1. Blattanschlag
    c) Offenfach (1. und 2. Schaft oben,
                   3. und 4. Schaft tief)
    d) 2. Geschlossenfachstellung (Kurbelhochstand)
    e) 2. Blattanschlag
    f) Offenfach (1. und 2. Schaft tief
                   3. und 4. Schaft oben).

Wie aus Abbildung 23 oben zu ersehen ist, werden in jeder der angegebenen Webstuhlstellungen verschieden hohe Spannungen im Faden erzeugt. Die niedrigsten Spannungen herrschen erwartungsgemäß bei den beiden Geschlossenfachstellungen a und d. Wie vermutet, erreicht die Fadenspannung ihren höchsten Wert jeweils bei Blattanschlag b und e, wobei jedoch die Spannung bei e niedriger liegt als bei b. Die durch die Fachöffnungen hervorgerufenen Spannungen c und f liegen zwischen den Werten bei Geschlossenfach und Blattanschlag. Auch diese Spannungen zeigen verschiedene Höhen.

---

[*] In den Oszillogrammen ist diese Stellung markiert.

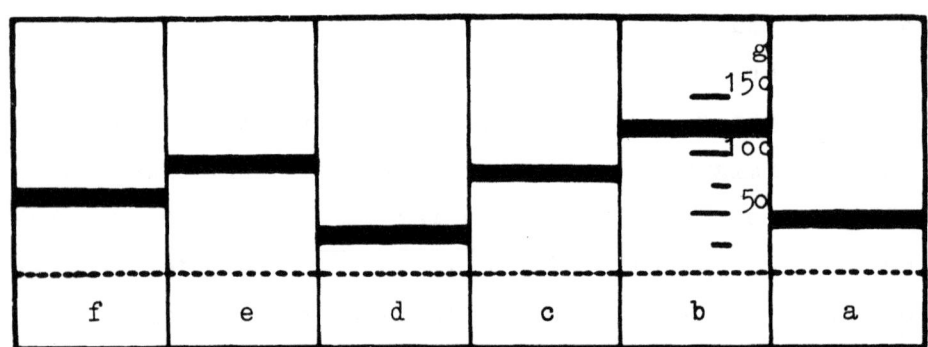

Messung im Ruhestand

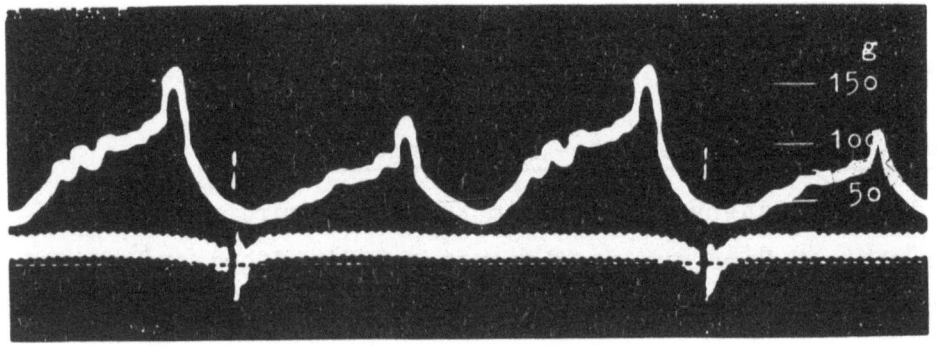

Messung während des Webens

Abbildung 23

Kettfadenspannungsmessungen an Webstühlen

Durch diese Messungen im Ruhezustand wird deutlich, in welch starkem Maße die Kettfadenspannung durch die einzelnen Phasen des Webvorganges beeinflußt wird. Wenn selbst hierüber eine genaue Vorstellung kaum bestand, so trifft dies noch mehr für diese Zusammenhänge im Bewegungszustand zu. Darüber haben in Abhängigkeit von verschiedenen Veränderungen während des Webprozesses bereits die mit dem Einstrahloszillographen aufgenommenen Spannungskurven Einblick gegeben. Jedoch war infolge der zusammengedrängten Kurven eine genaue Analyse der einzelnen Einflüsse noch nicht ausreichend gegeben. Eine solche ist durch die weiteren Messungen mit dem Zweistrahloszillographen bei gleichzeitig auseinandergezogenen Bildern möglich.

Abbildung 23 unten gibt den unter denselben Bedingungen wie bei der Spannungsmessung im Ruhestand ermittelten Verlauf der Spannungszustände während des Webens wieder. Wie zu ersehen, ergibt sich der schon früher festgestellte Höhenunterschied der beiden Spannungsspitzen innerhalb eines Webstuhlspiels. Viel deutlicher als bei den ersten Aufnahmen tritt hier der Spannungsverlauf während des Fachwechsels in Erscheinung, wobei auch in diesem Falle ein Höhenunterschied zwischen beiden zu beobachten ist, bedingt durch die schon mehrfach erwähnten Unterschiede in der Ober- und Unterfachbildung.

Die im Oszillogramm vorgenommene Markierung, die, wie bereits erwähnt, die Phase a in Abbildung 23 oben kennzeichnet, ermöglicht den Vergleich der im Ruhe- und Bewegungszustand aufgenommenen Spannungsänderungen. Es ist zu erkennen, daß diese in der Tendenz für beide Fälle übereinstimmen. Allerdings liegen bei der Messung im Bewegungszustand die Spannungen in den einzelnen Phasen höher als die im Ruhezustand, was ohne weitere Erläuterungen verständlich ist.

In diesem Zusammenhang ist noch zu erwähnen, daß die an der Basis des Oszillogramms verlaufende Linie vom 2. Strahl des Oszillographen herrührt, der zur Markierung dient. (Bei den teilweise stark in Erscheinung tretenden Schwingungen dieser Linie handelt es sich um eine Wiedergabe der Netzfrequenz. Aus der Schwingungszahl zwischen zwei Markierungen läßt sich die Webstuhldrehzahl berechnen).

12. Ausschalten von Bewegungsvorgängen

Wenn auch die beschriebenen Untersuchungen bereits gewisse Erkenntnisse darüber vermittelt haben, durch welche Vorgänge beim Weben der Spannungskurvenverlauf bedingt ist, sollte mittels der auseinandergezogenen Oszillogramme, die den Einblick in nähere Einzelheiten gestatten, nachgeprüft werden, in welchem Umfange die Arbeit des Schußregulators (Aufziehen der Ware), der Weblade (Anschlagen des Schusses), der Schlageinrichtung (Schützenlauf), des Streichbaumes (Ausgleich der Kettfadenlängen bei Fachwechsel) und der Teilstäbe (Ausgleich der Kettfadenspannung) sich im einzelnen auf den Spannungsverlauf des Kettfadens auswirkt. Zu diesem Zweck wurden die aufgeführten Webstuhlelemente nacheinander ausgeschaltet und die hierbei aufgenommenen Oszillogramme miteinander verglichen. Dabei mußte allerdings ohne Schützen gearbeitet werden.

a) Normaler Webstuhllauf

Nach neuer Einstellung des Webstuhles wurde zunächst das Oszillogramm der Kettfadenspannung bei normalem Webstuhllauf aufgenommen (Abbildung 24).

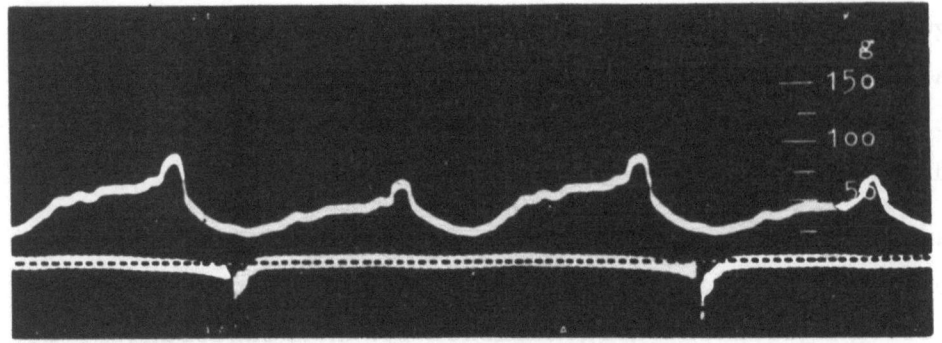
Normaler Webstuhllauf

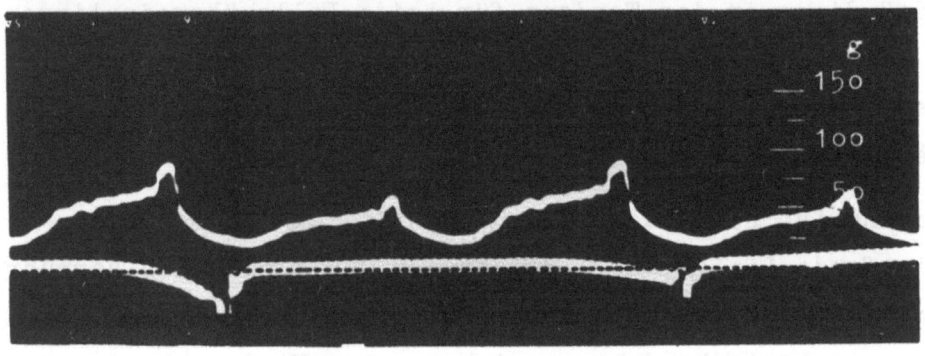
Schußregulator ausgeschaltet

Abbildung 24
Kettfadenspannungsmessungen an Webstühlen

b) Ausschalten des Schußregulators

Der Kettspannungsverlauf nach Ausschalten des Schußregulators ist, wie Abbildung 24 unten zeigt, völlig der gleiche wie beim Normallauf. Die Kurve liegt allerdings, insgesamt gesehen, etwas niedriger, das Ausschalten des Regulators hat eine Verringerung der Kettspannung herbeigeführt. Die Übereinstimmung mit den Spannungszuständen der Ausgangsstellung war zu erwarten, da der Regulatorantrieb durch ein Schneckengetriebe erfolgte und damit eine kontinuierliche Weiterbewegung des Riffelbaumes gewährleistet war. (Im übrigen sei an dieser Stelle erwähnt, daß nach Ausschalten des Schußregulators das hier nicht wiedergegebene Tintenschreiberdiagramm, aufgenommen über eine längere Meßstrecke, einen völlig gradlinigen Kurvenverlauf zeigt, ein Beweis dafür, daß die unter D I,2 und D I,3 aufgeführten wellenförmigen Spannungsschwankungen auf die Kettbremsung zurückzuführen sind).

c) Ausschalten des Schußregulators und des Blattanschlages

Der Kurvenverlauf in Abbildung 25 oben bestätigt erneut ganz eindeutig, daß die bisher immer wieder aufgetretenen Spannungsspitzen allein vom

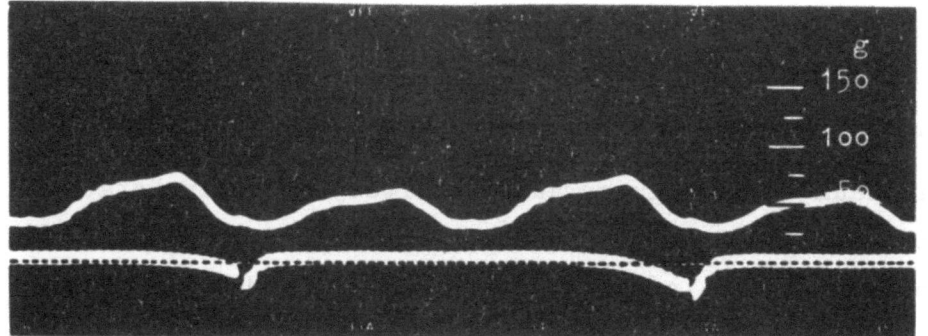
Schußregulator und Blattanschlag ausgeschaltet

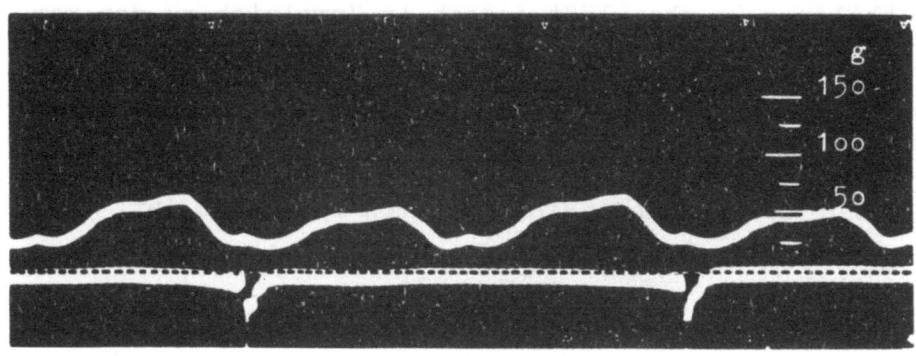
Schußregulator, Blattanschlag und Schlageinrichtung ausgeschaltet

Abbildung 25
Kettfadenspannungsmessungen an Webstühlen

Blattanschlag herrühren, da sie nach Ausserbetriebsetzung der Weblade durch Abbauen der Pleuelstangen verschwunden sind. Verblieben sind die Spannungen, die in der Hauptsache durch den Fachwechsel hervorgerufen werden und im übrigen bei der Wiederholung innerhalb eines Webstuhlspiels den schon öfter erwähnten geringen Höhenunterschied aufweisen.

d) **Ausschalten des Schußregulators des Blattanschlages und der Schlageinrichtung**

Durch Abnehmen der mit den Schlagarmen verbundenen Lederschlaufen von den Schlagbalken wurde die Schlageinrichtung ausgeschaltet. Der Kurvenverlauf (Abbildung 25 unten) verändert sich gegenüber dem vorher beschriebenen nicht, bis auf den Wegfall kleinster Schwankungen kurz vor dem 2. Kurbelhochstand, die demnach offenbar eine Folge der Schlagwirkung waren (vergl. Abbildung 25 oben).

e) A u s s c h a l t e n   d e s   S c h u ß r e g u l a t o r s , d e s   B l a t t a n s c h l a g e s ,   d e r   S c h l a g e i n r i c h t u n g   u n d   d e s   b e w e g l i c h e n   S t r e i c h b a u m e s

Der bewegliche Streichbaum wurde dadurch ausgeschaltet, daß sein Betätigungshebel aus dem Bereich des Streichbaumexzenters herausgebracht und der Streichbaum selbst in seiner Lage fixiert wurde. Diese Maßnahme ließ ein Ansteigen der Spannungen bei Fachöffnung erwarten.

Das Oszillogramm in Abbildung 26 oben läßt jedoch im Vergleich zu dem vorhergezeigten eine derartige Änderung nicht erkennen, wofür eine rechte Erklärung nicht gegeben werden kann. Jedenfalls war bei der Messung der in Abschnitt D I,10 gezeigte Einfluß der Streichbaumbewegung nicht nachweisbar. Inwieweit hierfür der Umstand verantwortlich zu machen ist, daß bei der ersten Messung ohne Teilstäbe gearbeitet wurde, soll hier nicht untersucht werden.

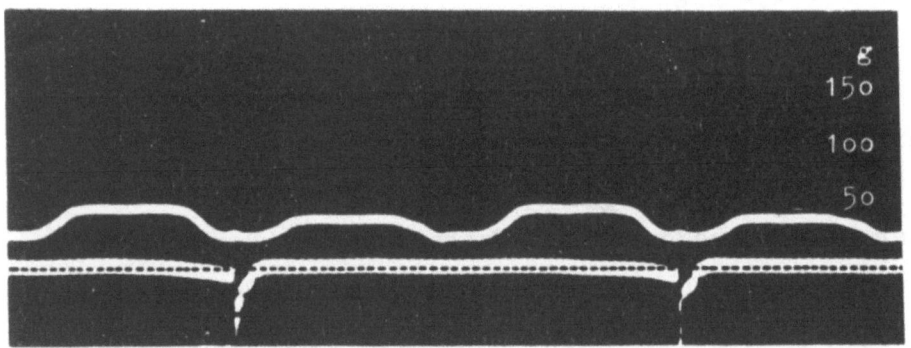

Schußregulator, Blattanschlag, Schlageinrichtung und Streichbaumbewegung ausgeschaltet

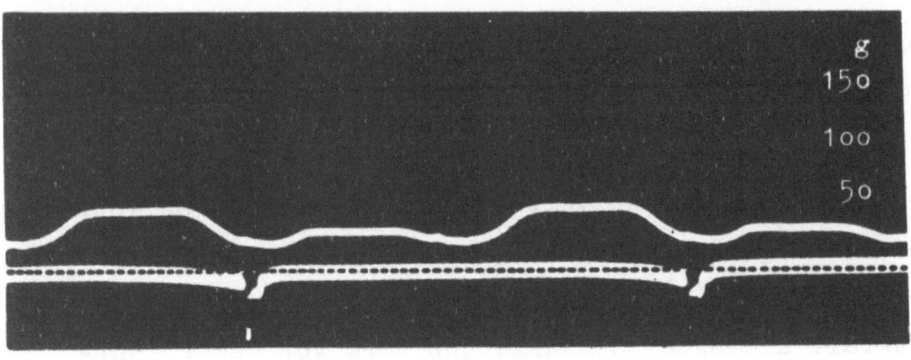

Schußregulator, Blattanschlag, Schlageinrichtung, Streichbaumbewegung und Teilstäbe ausgeschaltet

A b b i l d u n g   26

Kettfadenspannungsmessungen an Webstühlen

f) **Ausschalten des Schußregulators, des Blattanschlages, der Schlageinrichtung, des beweglichen Streichbaumes und der Teilstäbe**

Bei der Aufnahme des Oszillogramms in Abbildung 26 unten waren auch die Teilstäbe herausgenommen, und es bewegten sich lediglich die Webschäfte. Das Oszillogramm zeigt einen markanteren Höhenunterschied zwischen den durch die beiden Fachbildungen hervorgerufenen Fadenspannungen. Der bisher von den Teilstäben noch ausgeübte Spannungsausgleich ist in Wegfall gekommen, so daß die verschieden hohen Spannungen, bedingt durch das unsymmetrische Fach, etwas deutlicher in Erscheinung treten.

Zusammenfassend kann gesagt werden, daß die eingesetzten elektronischen Meßgeräte für die Kenntlichmachung der Kettfadenspannungen sich in Verbindung mit einem Oszillographen zur Aufzeichnung ihres Verlaufs in den einzelnen Phasen des Webstuhlspieles als gut geeignet erwiesen haben. Jegliche Änderung der Webstuhleinstellung, die sich auf die Kettspannung auszuwirken vermag, läßt sich im Oszillogramm nachweisen. Die Aufschreibung der Spannungsvorgänge mittels eines Tintenschreibers ist zwar möglich und für größere Längen vorteilhaft, jedoch werden in rascher Folge eintretende Einflüsse auf die Kettfadenspannung durch die Trägheit des Systems nicht mehr erfaßt.

Ein Einsatz des Tintenschreibers etwa durch einen im Abschnitt B andeutungsweise genannten Lichtpunktschreiber für hohe Schwingungsanzeigen würde den Vorteil mit sich bringen, daß die beim Oszillographen auf einen Film registrierten und erst nach dessen Entwicklung auswertbaren Kurven schon während der Messung sichtbar gemacht werden könnten.

II. Messung der Schußfadenspannung

Zunächst wurden in bereits beschriebener Weise die Fadenspannungsmessungen beim Abziehen aus gleich großen Baumwoll-Spindelwebschützen vorgenommen. Dabei fanden folgende Fadenführungen bzw. Bremseinrichtungen nacheinander Verwendung: 1 Porzellanauge ohne weitere Bremsung, 2 Porzellanaugen, Plüschbremse sowie Blattfederbremse jeweils mit einem Porzellanauge. Als Prüfmaterial wurde einheitlich ein Baumwollgarn Nm 20 auf durchgehenden Hülsen verwendet, wobei der Abzug des Fadens, schräg vom Webschützen abgehend, in e i n e r Richtung unter Zwischenschaltung des bereits beschriebenen Meßkopfes erfolgte. Im übrigen sei auf die Erläuterung der Versuchseinrichtung in Abschnitt C bzw. auf die dort wiedergegebene Abbildung 5 verwiesen.

Die beim Fadenabzug gemessenen Spannungen wurden mittels Tintenschreiber und des bereits bei den Kettfadenspannungsmessungen verwendeten Einstrahloszillographen registriert. Da die Aufzeichnung des gesamten Spannungsverlaufes einer Schußspule im vorliegenden Falle durch ein Tintenschreiberdiagramm übersichtlicher war, sind im folgenden nur diese Diagramme wiedergegeben.

Der Spannungsverlauf bei verschiedener Bremsung des Schußfadens ist aus den Abbildungen 27 und 28 zu ersehen. Alle Diagramme zeigen beim Abzug der letzten 100 m Garn einen auffallend starken Spannungsanstieg, dessen Spitze in allen Fällen über 350 g liegt, während vorher die Spannung nur geringfügig zunehmend verläuft. Der starke Anstieg ist darauf zurückzuführen, daß das Garn nach dem Ende der Spule hin infolge Reibung am Hülsenkörper stark gebremst wird.

Die Werte der Fadenspannung, jeweils als Mittel über den gesamten Abzug aus den Diagrammen durch Planimetrieren festgestellt, betrugen je nach Führung bzw. Bremsung des Schußfadens:

Schützen mit 1 Porzellanauge . . . . 65 g (Abbildung 27 oben)
Schützen mit 2 Porzellanaugen . . . . 75 g (Abbildung 27 unten)
Schützen mit Plüschbremse
und 1 Porzellanauge . . . . 190 g (Abbildung 28 oben)
Schützen mit Stahlfederbremse
und 1 Porzellanauge . . . . 185 g (Abbildung 28 unten)

Die in den beiden letzten Fällen verwendeten Bremsen, die in ihrer Wirkung einander angepaßt wurden, hatten zwar eine verhältnismäßig hohe mittlere Schußfadenspannung zur Folge, lassen jedoch den am Ende des Spulenabzuges auftretenden plötzlichen Spannungsanstieg weniger zur Auswirkung kommen. Infolgedessen sind bei den Schützen mit zusätzlicher Bremsung weniger stark bogige Gewebeleisten zu erwarten.

Die Spannungsschwankungen sind, wie die Diagramme zeigen, unterschiedlich. Ein ausgesprochen glättender Einfluß der Bremsen läßt sich nicht nachweisen.

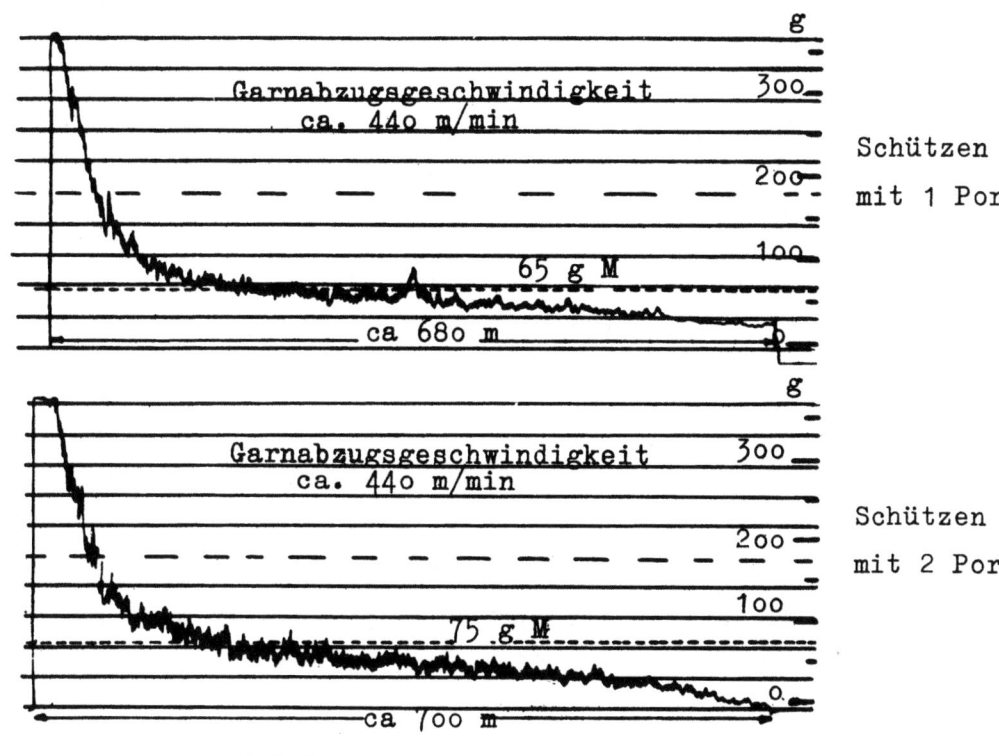

Abbildung 27
Schußfadenspannungsmessungen

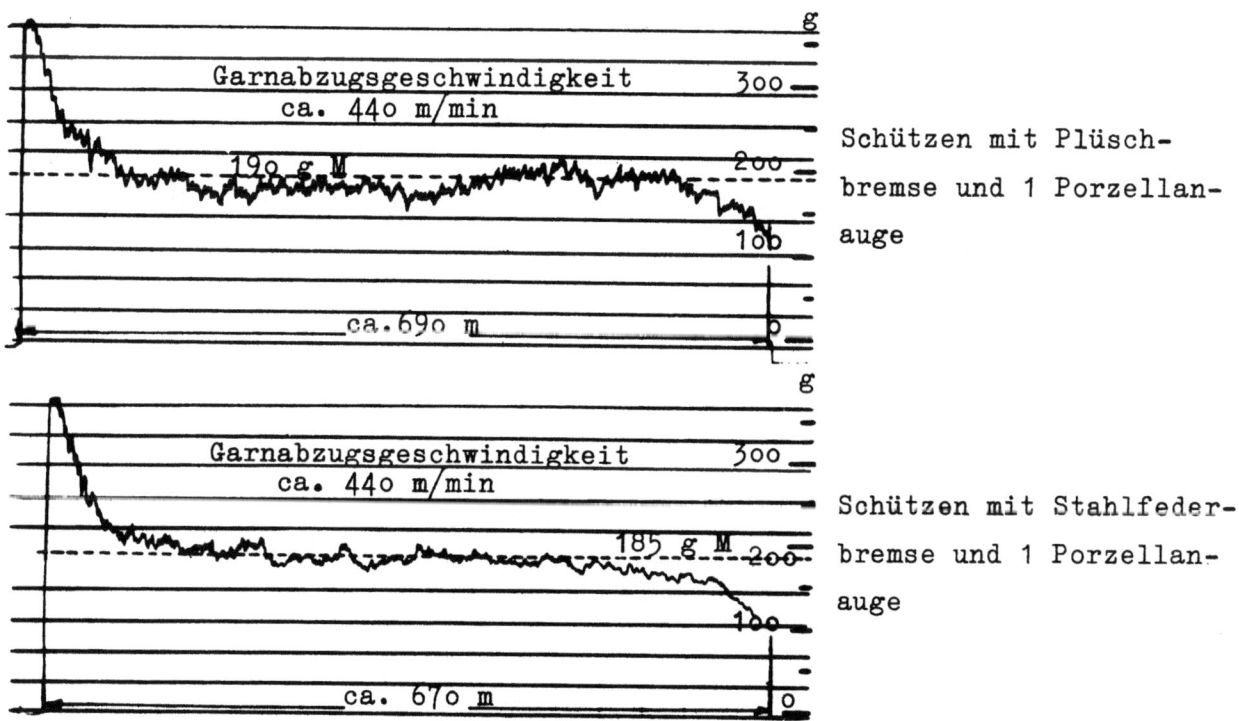

Abbildung 28
Schußfadenspannungsmessungen

Forschungsberichte des Wirtschafts- und Verkehrsministeriums Nordrhein Westfalen

In einer weiteren Meßreihe wurde der Spannungsverlauf beim Abzug des Schußfadens von einem Schlauchkop und einer Automatenspule verglichen, wobei ein mittelfeines Flachsgarn (roh, Nm 30) und ein gröberes Flachswerggarn (3/4-gebleicht, Nm 12) zur Verfügung standen.

Die Versuche erfolgten mit dem gleichen Zweistrahloszillographen - in Verbindung mit einer Spezialkamera - wie er ebenfalls bei den Kettspannungsmessungen am Webstuhl eingesetzt worden war. Der zweite Strahl des Oszillographen diente in diesem Falle zur Aufzeichnung der Nullinie. Der mit 10 mm/s eingestellte Filmtransport ergab lange Filmstreifen, so daß nur die Teile vom Anfang und Ende der Spule wiedergegeben werden können. Die aufgenommenen Tintenschreiberdiagramme sind weggelassen, da hier von allem auf die Wiedergabe der Spannungsspitzen der Wert gelegt wurde, die infolge der Trägheit des Tintenschreibers von vornherein nicht erwartet werden konnten.

Die Oszillogramme in Abbildung 29 geben Anfang (oberes Bild) und Ende (unteres Bild) des Spannungsverlaufes bei Abzug eines rohen Flachsgarnes Nm 30 vom Schlauchkop aus einem Deckelschützen mit Stahlfederbremsung wieder. Zwischen den Fadenspannungen am Anfang und Ende des Kop zeigen sich praktisch keine Unterschiede. Die mittlere Spannung verläuft

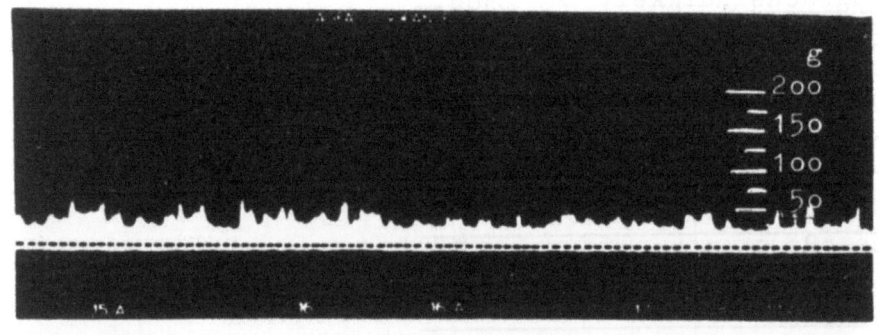

Schlauchkop/Anfang (Flachsgarn Nm 30 roh)

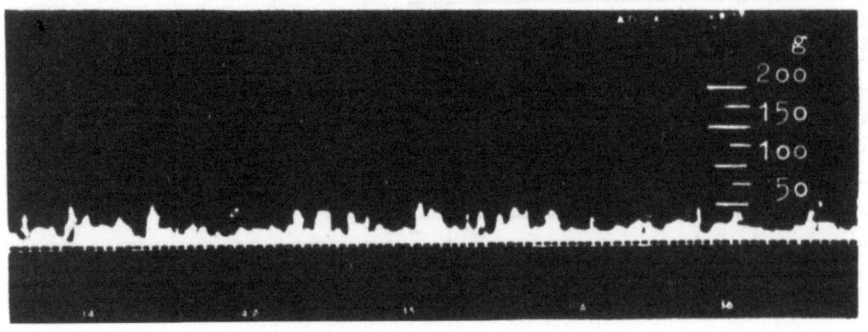

Schlauchkop/Ende (Flachsgarn Nm 30 roh)

Abbildung 29
Schußfadenspannungsmessungen

sehr niedrig (etwa 15 g), wobei trotz der bekannten Unregelmäßigkeiten des Flachsgarnes nur wenige Spannungsspitzen auftreten.

Ganz anders verhielten sich die Spannungen beim Abzug des gleichen Garnes von Automatenspulen, wobei ein normaler Automatenwebschützen mit Bürstenbremsung Verwendung fand. In den hierbei aufgenommenen Oszillogrammen (Abbildung 30) fällt zunächst auf, daß die mittlere Schußfadenspannung höher liegt als die bei Abzug von einem Schlauchkop. Außerdem steigt sie nach dem Ende der Spule hin (Bild unten) stark an (von etwa 30 g auf über 50 g). Dazu tragen auch die Spannungsspitzen bei, die in Höhe und Anzahl nach dem Ende der Spule hin stark zunehmen.

Der unterschiedliche Spannungsverlauf im Faden je nach Abzug von Schlauchkop oder Automatenspule ist dadurch bedingt, daß im ersteren Falle dem ablaufenden Faden praktisch keine Hindernisse entgegenstehen, sondern einzig und allein die Stahlfederbremsung im Webschützen die Spannung hervorruft, was eine verhältnismäßig gleiche Schußfadenspannung mit sich bringt. Dagegen bildet die Spulenhülse im Automatenschützen für den abgezogenen Faden eine Reibungsfläche, was besonders bei fast abgelaufenem Garnkörper auf die Fadenspannung wirkt und zu ihrem Anstieg führt. Die zahlreichen Spannungsspitzen sind durch die Unregelmäßigkeiten des Garnes mit einem nicht freien Abzug vom Spulenkörper bedingt.

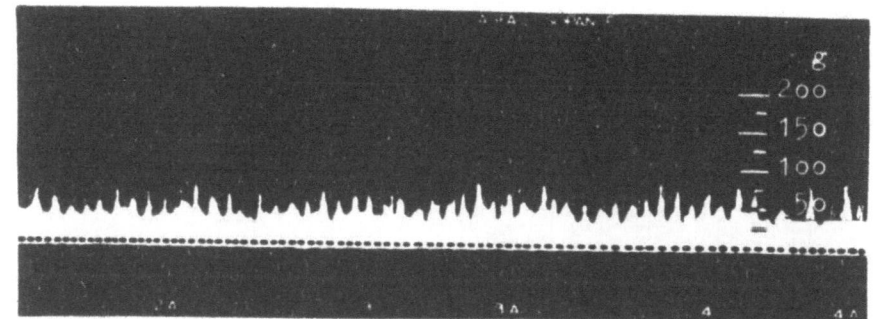

Automatenspule/Anfang
(Flachsgarn Nm 30 roh)

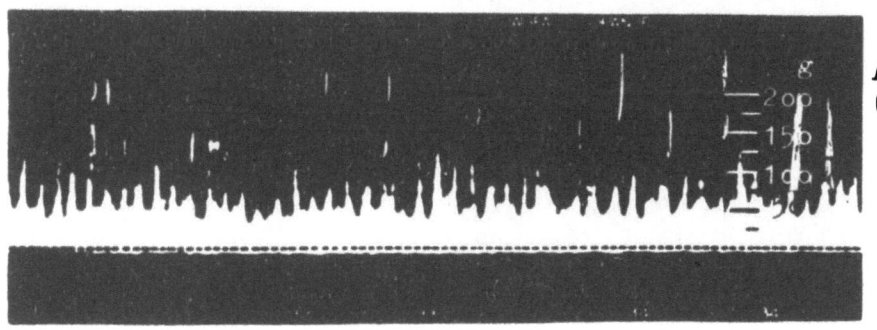

Automatenspule/Ende
(Flachsgarn Nm 30 roh)

A b b i l d u n g 30
Schußfadenspannungsmessungen

Bei Abzug eines gröberen Garnes, in diesem Falle Flachswerggarn Nm 12, 3/4-gebleicht, zeigen sich zwischen den beiden Spulenarten ähnliche Spannungsunterschiede. Gezeigt werden die bei Ende der Abzüge aufgenommenen Oszillogramme (Abbildung 31 oben für Schlauchkop, unten für Automatenspule). Selbstverständlich liegen in diesem Falle die mittleren Spannungen bedeutend höher als bei dem feineren Garn (etwa 100 g bei Schlauchkop, etwa 150 g bei Automatenspule). Auch in diesem Falle sind die bei der Automatenspule auftretenden Spannungsspitzen im Gegensatz zu dem wesentlich ruhigeren Spannungsverlauf beim Schlauchkop zu erkennen, wenn auch die Empfindlichkeit des Films hierfür etwas höher erwünscht gewesen wäre. - An dieser Stelle sei noch erwähnt, daß infolge der unterbelichteten Spannungsspitzen auf den Filmen in den reproduzierten Bildern in einigen Fällen diese nicht genügend in Erscheinung treten.

III. Stroboskopische Untersuchungen

Um die Einsatzmöglichkeiten des stroboskopischen Beobachtungsgerätes besonders eindeutig zu demonstrieren, wurde bewußt eine weniger günstige Einstellung des in Abschnitt D genannten Webstuhles hinsichtlich Schlagbeginn, Schlagstärke und Stellung der Trittexzenter vorgenommen.

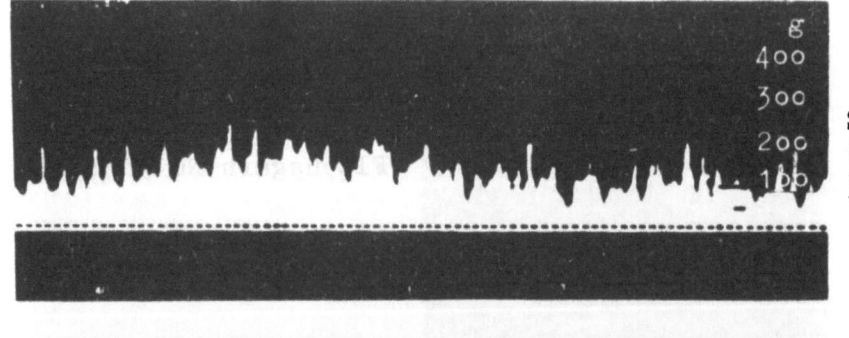
Schlauchkop/Ende
(Flachswerggarn Nm 12
3/4-gebleicht)

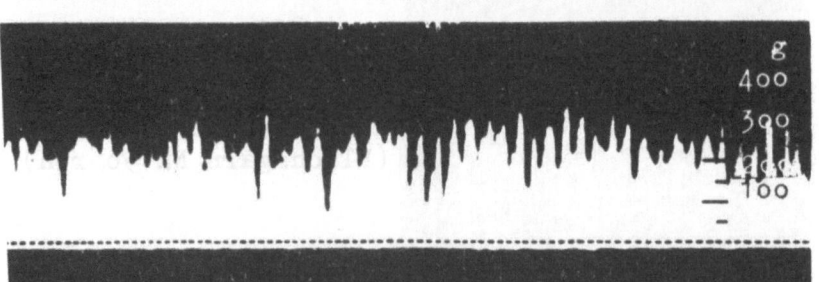
Automatenspule/Ende
(Flachswerggarn Nm 12
3/4-gebleicht)

Abbildung 31
Schußfadenspannungsmessungen

Forschungsberichte des Wirtschafts- und Verkehrsministeriums Nordrhein Westfalen

Zunächst fand eine Aufnahme des Webstuhldiagramms derart statt, daß die jeweilige Stellung der Kurbelwelle beim Durchdrehen des Stuhles von Hand mittels einer am Handrad angebrachten Gradscheibe markiert wurde. Das Diagramm ist in Abbildung 32 für eine Kurbelwellenumdrehung wiedergegeben. Aus ihm geht hervor, daß kurz vor Kurbelhochstellung (355°) das Fach geschlossen ist (früher Fachschluß). Das Öffnen des Webfaches dauert bis 95°. Von diesem Zeitpunkt an bis 255° bleibt das Fach geöffnet. Das Schließen des Faches erstreckt sich von 255° bis 355°. Während der Fachöffnung tritt bei 80° Blattanschlag ein. Kurz nach Beginn der Fachschließung bei 260° befindet sich die Weblade in hinterer Stellung. Die Bewegung des Pickers beginnt bei 190° Kurbelwellenstellung (Einleitung der Schützenbewegung). Bei 255° hat der Picker seinen maximalen Ausschlag.

Während sich auf diese Weise der Zeitpunkt von Bewegungen einzelner Webstuhlelemente auf einer Gradskala festhalten läßt, gibt das Diagramm keinen Aufschluß über den Bewegungsvorgang des Webschützens durch das Fach. Ausschlaggebend hierfür sind Schützengewicht, Abbremsung im Schützenkasten, Schlagstärke, Bremsung durch das Fach u.a.

Die Erfassung des Schützenlaufes ist, wie bereits dargestellt, mittels eines Lichtblitzstroboskops in Verbindung mit einem vom Webstuhl, in diesem Falle von der Schlagexzenterwelle, gesteuerten Kontaktgeber möglich. Mit der in Abschnitt C beschriebenen Einrichtung (Stroboskop gekuppelt mit Photokamera) wurden von 20° zu 20° der Kurbelwellendrehung Aufnahmen gemacht, die ein Bild über die jeweilige Ladenstellung, Schaftstellung und insbesondere Stellung des Schützens vermittelten. Durch eine Skala auf dem Ladendeckel mit einer Einteilung von 0 - 120 cm wird in den Bildern der Stand des Schützens im Augenblick der Aufnahme gekennzeichnet.

Diesen Bildern ist folgendes zu entnehmen:

- 0° - 60° Fortschreitende Fachöffnung und Bewegung der Weblade nach vorn, Webschützen im linken Kasten in Ruhestellung;
- 80° Blattanschlag, sonst wie oben;
- 100° Webfach voll geöffnet;
- 120° - 180° Offenfach, Bewegung der Weblade nach hinten, Webschützen weiterhin in Ruhestellung;
- 200° Offenfach, Bewegung der Weblade nach hinten, Beginn der Schützenbewegung;
- 220° Offenfach, Bewegung der Weblade nach hinten, Eintritt des Webschützens ins Webfach;

240°   Offenfach, Weblade kurz vor hinterer Stellung, Webschützen im Webfach (Schützenmitte bei 20 cm);

260°   Beginn der Fachschließung, Weblade in hinterer Stellung, Webschützen in der Mitte der Ladenbahn bei 60 cm;

280°   Fortschreiten der Fachschließung, Beginn der Webladenbewegung nach vorn, Webschützen noch voll im Webfach (Schützenmitte bei 90 cm);

300°   Stark verengtes Webfach, Ladenbewegung weiter nach vorn, halbe Länge des Webschützens noch im Fach;

320°   Wie bei 300°, jedoch Eintritt des Webschützens in den rechten Kasten (Hubkasten);

340°   Fast geschlossenes Webfach, Weblade kurz vor Mittelstellung, Webschützen fast vollständig im Kasten;

360°   Beginn der nächsten Fachöffnung, Weblade etwa in Mittelstellung, Webschützen im rechten Kasten in Ruhestellung.

In Abbildung 33 sind die (vergrößerten) Aufnahmen der Schützenstellungen bei 200° bis 360° Kurbelwellenumdrehung enthalten. Die Aufnahmen bei 0° bis 180° sind weggelassen, da sie sich hinsichtlich der hier besonders interessierenden Schützenbewegung vom Bild bei 0° (=360°) nicht unterscheiden.

Eine genaue Betrachtung des Webschützens in Abbildung 33 läßt erkennen, daß er bei Eintritt in das Webfach (220°) die Kettfäden der linken Gewebeseite trotz Offenfaches (etwa seit 100°) noch leicht streift, da die Weblade die hintere Stellung nicht voll erreicht hat. Bei Austritt des Webschützens aus dem Fach (300°) werden wiederum die Kettfäden der rechten Gewebeseite gestreift, und zwar in einem wesentlich stärkeren Maße als bei Schützeneintritt. Dies beruht darauf, daß zwei ungünstige Momente gemeinsam zur Wirkung kommen; einmal befindet sich die Lade nicht mehr in hinterer Stellung (dies war bei 260° der Fall), zum anderen besteht (ab 255°) keine Offenfachstellung mehr. Die 320°-Stellung zeigt schon ein fast geschlossenes Webfach.

Ein später eingestelltes Öffnen und damit auch ein späteres Schließen des Faches würde sich günstiger auswirken, indem der Schützen leichter und ohne mögliche Schädigung der Kettfäden aus dem Webfach austreten könnte. Bei dieser Späteinstellung ist allerdings ein Paarigwerden der Webware nicht ausgeschlossen.

Über die somit für die Schützenbewegung erwünschte Verschiebung des Fachumtrittes auf einen späteren Zeitpunkt hinaus zeigt das Diagramm (Abbildung 32), daß der Beginn der Offenfachstellung im Hinblick auf den wesent-

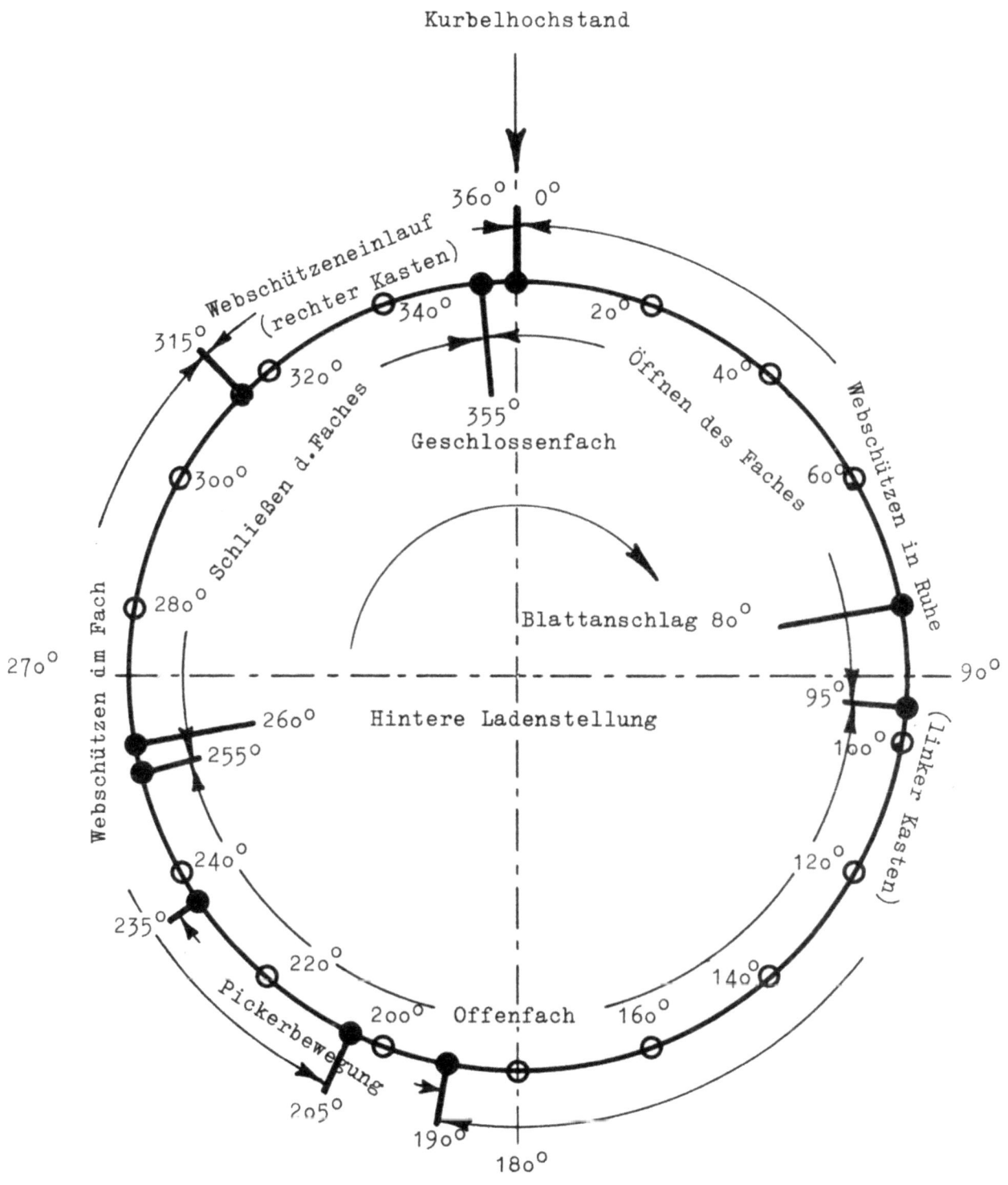

A b b i l d u n g 32

Webstuhleinstelldiagramm für eine Kurbelwellenumdrehung (360°)

Forschungsberichte des Wirtschafts- und Verkehrsministeriums Nordrhein Westfalen

      200°   220°   240°

      260°   280°   300°

      320°   340°   360°

A b b i l d u n g 33
Stroboskopische Aufnahme des Schützenlaufes

lich später erfolgenden Schützenschlag zu früh vor sich geht. Es wäre durchaus möglich, die Stillstandzeit bei Offenfach wesentlich zu verkürzen, wodurch für das Öffnen des Faches und zugunsten einer mehr ausgeglichenen Schaftbewegung sowie größerer Schonung der Kettfäden Zeit gewonnen werden könnte.

Die Aufnahmen bei $240°$ und $260°$ Kurbelstellung in Abbildung 37 lassen weiterhin einen unruhigen Schützenlauf erkennen. Bei $240°$ drückt der Webschützen mit seinem Vorderteil, bei $260°$ mit seinem Ende die Kettfäden leicht hoch. Die Ursache für diesen unruhigen Lauf kann einmal auf ein Nichtaufliegen der Kettfäden der unteren Fachpartie auf der Ladenbahn, zum anderen auf den Picker zurückzuführen sein.

Aufgrund der Aufnahmen in Abbildung 33 kann geschätzt werden, daß der Webschützen sich von $205°$ bis $315°$ der Kurbelstellung ganz oder zum Teil im Webfach befindet. Diese Zahlen sind nachträglich in das Einstelldiagramm (Abbildung 32) eingetragen und geben damit dieser Darstellung erst die nötige Übersicht über die Zusammenhänge zwischen den Bewegungsvorgängen der Lade, des Faches und des Schützens.

Diese Betrachtungen zeigen, wie aus einem vergleichenden Studium der stroboskopischen Aufnahmen und des vorliegenden Webstuhldiagramms auf eine optimale Einstellung des Webstuhles und im weiteren auf die Ausbildung seiner Elemente geschlossen werden kann.

Weitere stroboskopische Bilder des Schützens wurden bei verschieden hoher Kettspannung gemacht. In Abbildung 34 ist der Austritt des Webschützens aus dem Fach bei normaler, in Abbildung 35 bei stark erhöhter Kettspannung - in beiden Fällen bei gleicher Kurbelstellung - gezeigt. Im letzteren Falle wird der Webschützen im Fach stärker abgebremst und befindet sich im Vergleich zum Betrieb mit normaler Kettfadenspannung im gleichen Zeitpunkt weiter zurück (zum großen Teil noch im Webfach). In beiden Fällen ist das Schleifen bzw. Hochdrücken der oberen Kettgarnpartie zu ersehen, besonders stark natürlich bei höherer Abbremsung. Ebenfalls wirkt sich eine hohe Schußdichte bei hierfür zu niedriger Kettspannung ungünstig auf den Schützenlauf aus, wie dies aus Abbildung 36 zu erkennen ist, die bei der gleichen Kurbelstellung aufgenommen wurde und daher mit Abbildung 34 (mittlere Dichte, gleiche Kettfadenspannung) zu vergleichen ist. Auch hier werden ein verspätetes Einlauf des Schützens und eine stärkere Beanspruchung der oberen Kettfäden deutlich sichtbar.

Forschungsberichte des Wirtschafts- und Verkehrsministeriums Nordrhein Westfalen

A b b i l d u n g   34
Normaler Schützenlauf

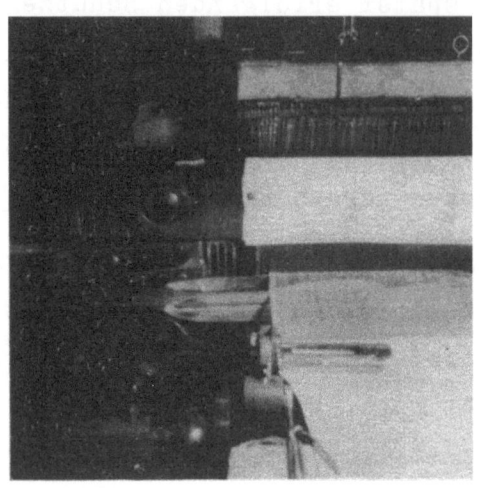

A b b i l d u n g   35
Schützenlauf bei hoher Kettspannung

A b b i l d u n g   36
Schützenlauf bei hoher Schußdichte

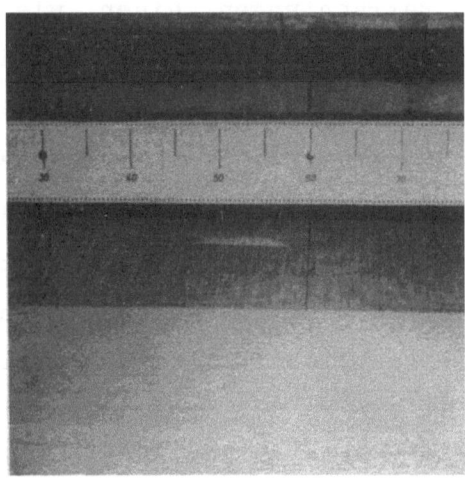

A b b i l d u n g   37
Schützenlauf bei voller Schußspule

Forschungsberichte des Wirtschafts- und Verkehrsministeriums Nordrhein Westfalen

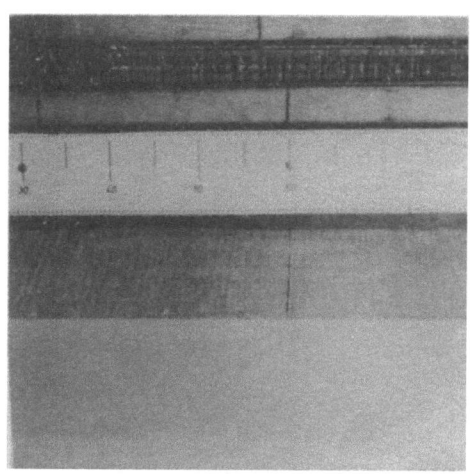

Abbildung 38
Schützenlauf bei abgelaufener Schußspule

Daß selbst geringe Geschwindigkeitsunterschiede durch stroboskopische Aufnahmen zu erfassen sind, geht aus den folgenden Bildern hervor, in denen der Schützen bei voller (Abbildung 37) und fast abgelaufener Schußspule (Abbildung 38), aufgenommen bei gleicher Kurbelwellenstellung, wiedergegeben ist. Bei einem Schützenlauf von links nach rechts befindet sich die Basis der vollen Schußspule in Schützen bei etwa 58 cm der Skaleneinteilung auf dem Ladendeckel, während die Spulenbasis bei fast leerer Spule auf ca. 62 cm zeigt, Grund der verschiedenen Länge des zurückgelegten Weges ist das unterschiedliche Schützengewicht.

Eine weitere Einsatzmöglichkeit der stroboskopischen Einrichtung ist aus den Abbildungen 39 und 40 zu ersehen. Sie zeigen den Eintritt des Webschützens in das Webfach und eine sich hierbei bildende Schlaufe in dem vom Schützen nachgezogenen Fadenteil. Aus Abbildung 39 ist ersichtlich, daß der Faden sich im Schützenkasten verfangen hat. Nach dem der Webschützen sich bereits im Webfach befindet (Abbildung 40), löst sich der verhängte Faden und bildet dadurch eine Schlaufe, die zu einer äußerst unansehnlichen Warenkante führt.

Es ist weiterhin möglich, den gleichen Filmabschnitt bzw. die gleiche Platte mehrmals zu belichten. Z.B. wurde der Webschützen in drei verschiedenen Stellungen während des Durchganges durch das Webfach aufgenommen Abbildung 41 .

Forschungsberichte des Wirtschafts- und Verkehrsministeriums Nordrhein Westfalen

Abbildung 39
Im Schützenkasten hängengebliebener Schußfaden

Abbildung 40
Schlaufenbildung des Schußfadens

Forschungsberichte des Wirtschafts- und Verkehrsministeriums Nordrhein Westfalen

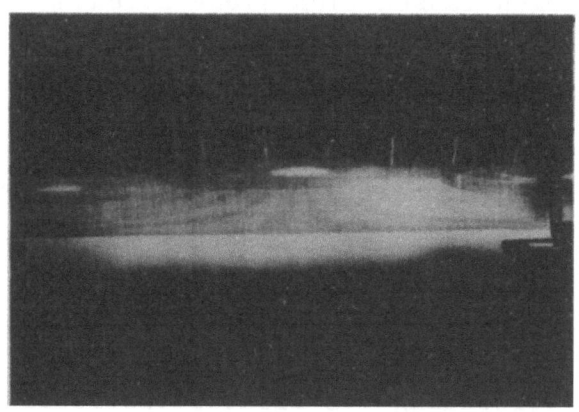

Abbildung 41
Webschützen in drei
verschiedenen Stellungen

Mittels der stroboskopischen Einrichtung ist außerdem die Ermittlung der Schützengeschwindigkeit dadurch möglich, daß der hier zurückgelegte Weg des Schützens bei sehr kleinen Gradunterschieden der Kurbelwellenstellung aufgenommen und daraus die Geschwindigkeit in jedem Punkt der Aufnahme errechnet wird[8]. Als Beispiel hierfür wurden vergleichsweise die Schützengeschwindigkeitskurven für den Lauf mit voller und leerer Schußspule - allerdings nur in einer Bewegungsrichtung - aufgestellt. Wie aus Abbildung 36 zu ersehen, liegt diese bei fast leerem Schützen etwas höher als bei vollem, was ohne weiteres erklärlich ist (siehe auch Abbildung 37 und 38). Die Geschwindigkeit bei der jeweiligen Verstellung des Schlagexzenters (im vorliegenden Beispiel um 10°) berechnet sich nach folgender Formel:

$$V = \frac{n \cdot 360 \cdot s}{60 \cdot v \cdot 1000} \;(m/s)$$

Hierin bedeuten:

n = Webstuhldrehzahl je min

s = Schützen-weg in mm

v = Schlagexzenterwellenverstellung in °.

Es war in diesem Falle nicht zu vermeiden, daß die Einzelwerte der Geschwindigkeit verhältnismäßig stark streuten, da eine genaue Gradeinstellung infolge der behelfsmäßigen Einstellvorrichtung nur bedingt gegeben war.

Durch exakte Vorrichtungen lassen sich diese Streuungen wesentlich herabsetzen. - Abbildung 36 gibt schließlich noch die Schützenbeschleunigung durch den Picker, die Geschwindigkeitsverzögerung während des Fachdurchtrittes und die Abbremsung des Webschützens deutlich wieder. (Zur besseren Kenntlichmachung der unterschiedlichen Schützengeschwindigkeit bei voller und fast leer gelaufener Schußspule wurden beide Kurven übereinandergezeichnet).

Im Zusammenhang mit der Spannungsmessung am Schußfaden (vergl. Abschnitt D II) erfolgten unter Verwendung des Lichtblitzstroboskops und einer damit gekuppelten Kamera photographische Aufnahmen des Fadens während seines Abzuges von einer Automatenspule (Abbildung 42 bis 44). Die Bilder zeigen derartige Momentaufnahmen und lassen anschaulich erkennen, welche Möglichkeiten auf diese Weise für das Studium des Fadenablaufes gegeben sind. In Abschnitt C wurde bereits angedeutet, daß durch ein Zwischenschalten eines in gleichen Zeitabständen arbeitenden Auslösers (z.B. Tyratron-Kippgerät) die Darstellung des Ablaufes einer ganzen Spule erreicht werden kann.

In diesem Zusammenhang sei am Rande die stroboskopische Aufnahme eines von der bereits beschriebenen Ablaufvorrichtung abgeworfenen Fadens hin-

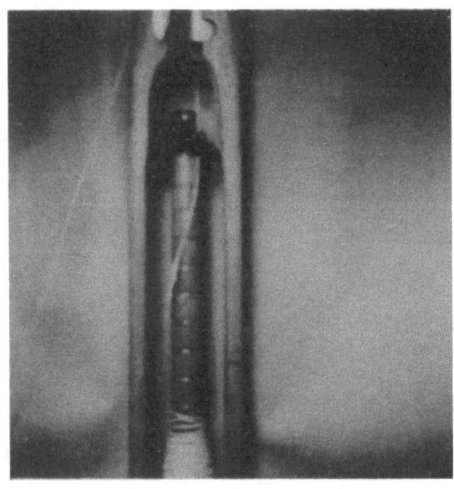

A b b i l d u n g   42

Forschungsberichte des Wirtschafts- und Verkehrsministeriums Nordrhein Westfalen

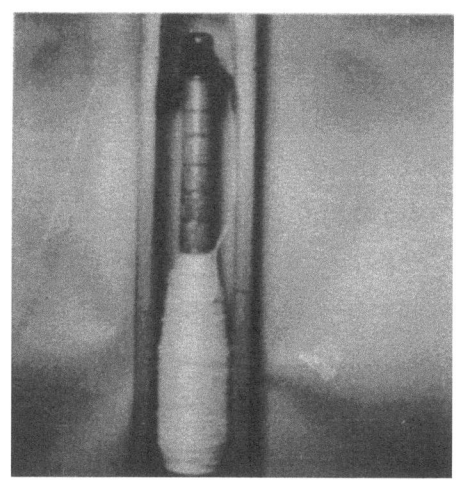 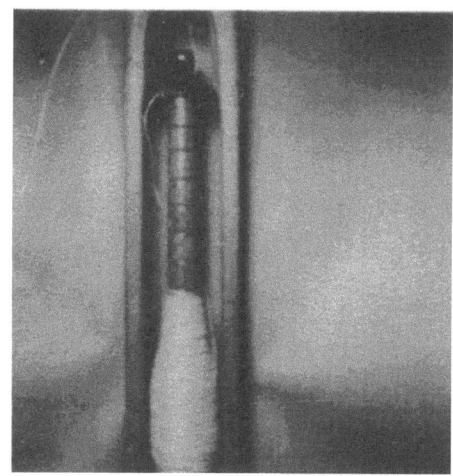

Abbildung 43   Abbildung 44
Stroboskopische Aufnahmen des Schußfadenablaufes

ter der dafür vorgesehenen Düse gezeigt (Abbildung 45). Obwohl der Faden vorher glatt gestreckt war, versuchte er, sich wieder in einzelne Windungen zu legen entsprechend der beim Aufbringen auf die Schußhülse gegebenen Lage. Nochmals bleibt hier anzugeben, daß die Ablaufvorrichtung mit 440 m/min gearbeitet hat, und daß der Faden also mit dieser Geschwindigkeit von der Düse ausgestoßen wurde.

Abbildung 45
Von Ablaufvorrichtung abgeworfener Faden
(Fadengeschwindigkeit 440 m/min)

Forschungsberichte des Wirtschafts- und Verkehrsministeriums Nordrhein Westfalen

Zusammenfassung

Zu der Lösung der Frage, inwieweit durch Einsatz neuzeitlicher Meß- und Beobachtungsgeräte Bewegungs- und Arbeitsvorgänge an Textilmaschinen gegenüber den bisher vorhandenen Möglichkeiten klarer und vor allem reproduzierbar erfaßt werden können, wurden diesbezügliche Untersuchungen an Webstühlen durchgeführt. Sie bezogen sich auf die Messung von Kett- und Schußfadenspannungen mit Hochfrequenzmessgeräten und Oszillographen, wobei der Spannungsverlauf kontinuierlich durch elektrische Tintenschreiber und durch Aufnahme des oszillographischen Bildes auf Filmstreifen festgehalten wurde; ferner auf die Beobachtung der Webschützenbewegung unter Einsatz leistungsfähiger Stroboskope in Verbindung mit Spezialkameras.

Im vorliegenden Bericht sind die positiven Ergebnisse des gemachten Versuches dargelegt, wobei die erwähnten Untersuchungen unter Veränderung zahlreicher technologischer Bedingungen vorgenommen worden sind. Die zum Einsatz gekommenen Geräte sind eingehend beschrieben.

Zusammenfassend kann gesagt werden, daß die moderne Meß- und Beobachtungstechnik tiefe und überaus deutliche Einblicke in die Bewegungs- und Kraftverhältnisse beim Webvorgang ermöglicht, wie sie bisher in diesem Maße nicht vorhanden waren. Nachdem diese Möglichkeiten nunmehr - nicht zuletzt durch die vorliegende Ausarbeitung - aufgezeigt worden sind, bleibt es eingehenden Spezialuntersuchungen überlassen, sie im Einsatz an wesentlichen Problemen der Textilverarbeitung und des Textilmaschinenbaues auszunutzen.

Während der Zusammenstellung dieses Berichtes werden den Bearbeitern die an der Technischen Hochschule Dresden durchgeführten, in ähnliche Richtungen weisenden Untersuchungen über den Verlauf der Kettfadenspannung gekannt, die von FRENZEL und MARTIN inzwischen veröffentlicht worden sind (Kettbeanspruchungen und Schaftbewegung am Webstuhl. Faserforschung und Textiltechnik. 4 (1953), S. 319 - 336). Im wesentlichen deckt sich das Ergebnis der Arbeiten im Bezug auf die bedeutungsvollen Aussichten, welche die Anwendung der modernen Meßtechnik auf die Erforschung textiltechnischer Vorgänge bietet.

Sachbearbeiter:
Text.-Ing. H. Griese
Dr.-Ing. G. Satlow (TWB-Bastfaser)   gez.: Dipl-Ing. W. ROHS, Bielefeld
Text.-Ing. B. Fischer (Textechno)   gez.: Obering. H. STEIN, M.-Gladbach

Bielefeld
M.-Gladbach   den 30.11.1953

Literaturverzeichnis

1) STEIN, F.: Einbindungsvorgänge in tuchbindigen Kunstseidengeweben. Diss. T.H. Stuttgart 1926.

2) OWEN, A.G. The tension in a single warp-thread durin plain weaving. J. Textile Inst. 19 (1928), T. 365 ff.

3) DÖRING, Th.: Elastizität und Dehnung der Leinengarne und ihre Veränderung durch Gespinstbildung und Garnverarbeitung. Diss. T.H. Hannover 1933.

4) KELLER, H.: Messung der Kettspannung beim Weben. Diss. E.T.H. Zürich 1943; dort auch weitere Literaturhinweise.

5) GRIESE, H.: Kettspannungskontrolle beim Weben. Textil-Praxis (1952), S. 438 - 440. - KEFA - Spannungsmesser nach WENDT (Hersteller: Fa. Konrad Schaper, Bielefeld).

6) Über die Kontrolle des Schußes im Webstuhl. Textile World 1952, 9, 77 - 78.- Qualitätskontrolle in der Weberei. Der Shirley Schuß-Abzugs-Spannungsmesser. Textile Merc. 1953, 3337, 507 - 508.

7) PALMER, A. und RAMSDELL, F.A.: "Shooting" the loom with slow-motion movie camera discloses faulty settings and design. Textile World. April 1935.- LA ROCHE. E.A. und BROWN. H.M. Rapid Stroboscopie study of production looms. Textile Res.J.Mai 1949.-STEIN, H.: Stroboskopische Meß-und Beobachtungsgeräte in der Textisindustrie. Textil-Praxis 7 (1952), S. 356 359.

8) MAIER, H.: Ermittlung der Schützengeschwindigkeit für die Kontrolle der Schlageinstellung mit Hilfe eines Webstuhlstroboskops. Textil-Praxis 7 (1952), S. 889 - 891.

9) THOMAS, J.H. und VINZENT, J.J.: Ein Instrument zur direkten Messung der Schützengeschwindigkeit.J.Textile Inst. 40 (1949), T. 45 ff.- Dslb.: Eine experimentelle Studie über die Schützenbewegung J.Textile Inst. 40 (1949), T. 1 ff. - KILGUR, WARING und BOFFE: Experimentelle Untersuchung des Schützenflusses während des Webens. J.Textile Inst. 29 (1938),T. 173 ff. - OWZIN, N.K.: Eine Vorrichtung zur Bestimmung der Kettfadenspannung. Tekstiljnaja Promyschlennostj 1948, 12, 34. - La ROCHE und BROWN, M.: Stroboskopische Studien am laufenden Webstuhl. Textile Res. 29 (1949), S. 288 ff. - SNOWDEN, D.C.: Einige Faktoren, die die Kettfadenbrüche in der Streichgarn-und Kammgarnweberei beeinflussen. J.Textile Inst. 40 (1949), P 317 ff.-SCHERAGE,M.: Kathodenstrahlen-Oszillograph zur Beobachtung des Webstuhles und anderer Textilmaschinen. Textile Rec. 1948, H. 2, S. 47 ff.-CHAMBERLAIN, N.H. und SNOWDEN, D.C.: Untersuchungen am Webstuhl mit dem Kathodenstrahlen-Oszillographen. 1. Spannungsschwankungen des Einzelkettfadens während des Webens.J.Textile Inst. 39 (1948),T. 43 ff.-SNOWDEN, D.C.: Neue Forschungen in der Weberei.Textil-Praxis 8 (1953) S.310 ff. - KOCHANSKI, A.: Spannung und Ermüdung der Kettfäden während des Webens. L'industrie Textile 1951, S. 369,411,461 ff.- HONEGGER,E.: Eine theoretische und praktische Erforschung der Arbeit des Webstuhles. Textile Inst. 24 (1953), T. 421 ff.-HAAG,W.: Kinematische und dynamische Untersuchungen am Webstuhl. Melliand Textilberichte, 18 (1934),

Forschungsberichte des Wirtschafts- und Verkehrsministeriums Nordrhein Westfalen

S. 343 ff, 398 ff.-HENNO, J. und JOUHET,R.: Messen der Kettfadenspannung während des Webens. Bull L'Institut de France. 1950, H. 20,S.35 ff. - STEIN, H.: Der Antrieb des Webstuhles. Textil-Praxis $\underline{6}$ (1951),S.600 ff.- ALEKSEEW, K.G.:Eine neue Vorrichtung zur Bestimmung der Kettfadenspannung auf dem Webstuhl. Tekstil.Promyschl. 1951, H. 6,S. 32 ff.- FRIEDRICH: Ein Mittel zur genauen Erfassung der Flugbahn des Webschützens. Textil-Praxis 7 (1952),S. 287 ff.- BURLOW, G.A.: Ein zufriedenstellendes Verfahren zur einheitlichen Einstellung der Webstühle. Tekstil.Promyschl. 1951, H. 7, S 1 ff.- DOLTIER, J.: Die Bewegung der Kette beim Weben. L'Industrie Textile 1949, H. 11, S. 359 ff.

FORSCHUNGSBERICHTE DES WIRTSCHAFTS- UND VERKEHRSMINISTERIUMS NORDRHEIN-WESTFALEN

Herausgegeben von Staatssekretär Prof. Leo Brandt

Heft 1:
Prof. Dr.-Ing. Eugen Flegler, Aachen
Untersuchungen oxydischer Ferromagnet-Werkstoffe

Heft 2:
Prof. Dr. phil. Walter Fuchs, Aachen
Untersuchungen über absatzfreie Teeröle

Heft 3:
Techn.-Wissenschaftl. Büro für die Bastfaserindustrie, Bielefeld
Untersuchungsarbeiten zur Verbesserung des Leinenwebstuhls

Heft 4:
Prof. Dr. E. A. Müller u. Dipl.-Ing. H. Spitzer, Dortmund
Untersuchungen über die Hitzebelastung in Hüttenbetrieben

Heft 5:
Dipl.-Ing. Werner Fister, Aachen
Prüfstand der Turbinenuntersuchungen

Heft 6:
Prof. Dr. phil. Walter Fuchs, Aachen
Untersuchungen über die Zusammensetzung und Verwendbarkeit von Schwelteerfraktionen

Heft 7:
Prof. Dr. phil. Walter Fuchs, Aachen
Untersuchungen über emsländisches Petrolatum

Heft 8:
Maria Elisabeth Meffert und Heinz Stratmann, Essen
Algen-Großkulturen im Sommer 1951

Heft 9:
Techn.-Wissenschaftl. Büro für die Bastfaserindustrie, Bielefeld
Untersuchungen über die zweckmäßige Wicklungsart von Leinengarnkreuzspulen unter Berücksichtigung der Anwendung hoher Geschwindigkeiten des Garnes
Vorversuche für Zetteln und Schären von Leinengarnen auf Hochleistungsmaschinen

Heft 10:
Prof. Dr. Wilhelm Vogel, Köln
„Das Streifenpaar" als neues System zur mechanischen Vergrößerung kleiner Verschiebungen und seine technischen Anwendungsmöglichkeiten

Heft 11:
Laboratorium für Werkzeugmaschinen und Betriebslehre, Technische Hochschule Aachen
1. Untersuchungen über Metallbearbeitung im Fräsvorgang mit Hartmetallwerkzeugen und negativem Spanwinkel
2. Weiterentwicklung des Schleifverfahrens für die Herstellung von Präzisionswerkstücken unter Vermeidung hoher Temperaturen
3. Untersuchung von Oberflächenveredlungsverfahren zur Steigerung der Belastbarkeit hochbeanspruchter Bauteile

Heft 12:
Elektrowärme-Institut, Langenberg (Rhld.)
Induktive Erwärmung mit Netzfrequenz

Heft 13:
Techn.-Wissenschaftl. Büro für die Bastfaserindustrie, Bielefeld
Das Naßspinnen von Bastfasergarnen mit chemischen Zusätzen zum Spinnbad

Heft 14:
Forschungsstelle für Acetylen, Dortmund
Untersuchungen über Aceton als Lösungsmittel für Acetylen

Heft 15:
Wäschereiforschung Krefeld
Trocknen von Wäschestoffen

Heft 16:
Max-Planck-Institut für Kohlenforschung, Mülheim a. d. Ruhr
Arbeiten des MPI für Kohlenforschung

Heft 17:
Ingenieurbüro Herbert Stein, M. Gladbach
Untersuchung der Verzugsvorgänge in den Streckwerken verschiedener Spinnereimaschinen. 1. Bericht: Vergleichende Prüfung mit verschiedenen Dickenmeßgeräten

Heft 18:
Wäschereiforschung Krefeld
Grundlagen zur Erfassung der chemischen Schädigung beim Waschen

Heft 19:
Techn.-Wissenschaftl. Büro für die Bastfaserindustrie, Bielefeld
Die Auswirkung des Schlichtens von Leinengarnketten auf den Verarbeitungswirkungsgrad, sowie die Festigkeits- und Dehnungsverhältnisse der Garne und Gewebe

Heft 20:
Techn.-Wissenschaftl. Büro für die Bastfaserindustrie, Bielefeld
Trocknung von Leinengarnen I
Vorgang und Einwirkung auf die Garnqualität

Heft 21:
Techn.-Wissenschaftl. Büro für die Bastfaserindustrie, Bielefeld
Trocknung von Leinengarnen II
Spulenanordnung und Luftführung beim Trocknen von Kreuzspulen

Heft 22:
Techn.-Wissenschaftl. Büro für die Bastfaserindustrie, Bielefeld
Die Reparaturanfälligkeit von Webstühlen

Heft 23:
Institut für Starkstromtechnik, Aachen
Rechnerische und experimentelle Untersuchungen zur Kenntnis der Metadyne als Umformer von konstanter Spannung auf konstanten Strom

Heft 24:
Institut für Starkstromtechnik, Aachen
Vergleich verschiedener Generator-Metadyne-Schaltungen in bezug auf statisches Verhalten

Heft 25:
Gesellschaft für Kohlentechnik mbH., Dortmund-Eving
Struktur der Steinkohlen und Steinkohlen-Kokse

Heft 26:
Techn.-Wissenschaftl. Büro für die Bastfaserindustrie, Bielefeld
Vergleichende Untersuchungen zweier neuzeitlicher Ungleichmäßigkeitsprüfer für Bänder und Garne hinsichtlich Ihrer Eignung für die Bastfaserspinnerei

Heft 27:
Prof. Dr. E. Schratz, Münster
Untersuchungen zur Rentabilität des Arzneipflanzenanbaues
Römische Kamille, Anthemis nobilis L.

Heft: 28:
Prof. Dr. E. Schratz, Münster
Calendula officinalis L.
Studien zur Ernährung, Blütenfüllung und Rentabilität der Drogengewinnung

Heft 29:
Techn.-Wissenschaftl. Büro für die Bastfaserindustrie, Bielefeld
Die Ausnützung der Leinengarne in Geweben

Heft 30:
Gesellschaft für Kohlentechnik mbH., Dortmund-Eving
Kombinierte Entaschung und Verschwelung von Steinkohle; Aufarbeitung von Steinkohlenschlämmen zu verkokbarer oder verschwelbarer Kohle

Heft 31:
Dipl.-Ing. Störmann, Essen
Messung des Leistungsbedarfs von Doppelsteg-Kettenförderern

Heft 32:
Techn.-Wissenschaftl. Büro für die Bastfaserindustrie, Bielefeld
Der Einfluß der Natriumchloridbleiche auf Qualität und Verwebbarkeit von Leinengarnen und die Eigenschaften der Leinengewebe unter besonderer Berücksichtigung des Einsatzes von Schützen- und Spulenwechselautomaten in der Leinenweberei

Heft 33:
Kohlenstoffbiologische Forschungsstation e. V.
Eine Methode zur Bestimmung von Schwefeldioxyd und Schwefelwasserstoff in Rauchgasen und in der Atmosphäre

Heft 34:
Textilforschungsanstalt Krefeld
Quellungs- und Entquellungsvorgänge bei Faserstoffen

Heft 35:
Professor Dr. Wilhelm Kast, Krefeld
Feinstrukturuntersuchungen an künstlichen Zellulosefasern verschiedener Herstellungsverfahren

Heft 36:
Forschungsinstitut der feuerfesten Industrie, Bonn
Untersuchungen über die Trocknung von Rohton.
Untersuchungen über die chemische Reinigung von Silika- und Schamotte-Rohstoffen mit chlorhaltigen Gasen

Heft 37:
Forschungsinstitut der feuerfesten Industrie, Bonn
Untersuchungen über den Einfluß der Probenvorbereitung auf die Kaltdruckfestigkeit feuerfester Steine

Heft 38:
Forschungsstelle für Acetylen, Dortmund
Untersuchungen über die Trocknung von Acetylen zur Herstellung von Dissousgas

Heft 39:
Forschungsgesellschaft Blechverarbeitung e. V., Düsseldorf
Untersuchungen an prägegemusterten und vorgelochten Blechen

Heft 40:
Landesgeologe Dr.-Ing. W. Wolff, Amt für Bodenforschung, Krefeld
Untersuchungen über die Anwendbarkeit geophysikalischer Verfahren zur Untersuchung von Spateisengängen im Siegerland

Heft 41:
Techn.-Wissenschaftl. Büro für die Bastfaserindustrie, Bielefeld
Untersuchungsarbeiten zur Verbesserung des Leinenwebstuhles II

Heft 42:
Professor Dr. Burckhardt Helferich, Bonn
Untersuchungen über Wirkstoffe — Fermente — in der Kartoffel und die Möglichkeit ihrer Verwendung

Heft 43:
Forschungsgesellschaft Blechverarbeitung e. V., Düsseldorf
Forschungsergebnisse über das Beizen von Blechen

Heft 44:
Arbeitsgemeinschaft für praktische Dehnungsmessung, Düsseldorf
Eigenschaften und Anwendungen von Dehnungsmeßstreifen

Heft 45:
Losenhausenwerk Düsseldorfer Maschinenbau AG., Düsseldorf
Untersuchungen von störenden Einflüssen auf die Lastgrenzenanzeige von Dauerschwingprüfmaschinen

Heft 46:
Professor Dr. phil. W. Fuchs, Aachen
Untersuchungen über die Aufbereitung von Wasser für die Dampferzeugung in Benson-Kesseln

Heft 47:
Prof. Dr.-Ing. habil. Karl Krekeler, Aachen
Versuche über die Anwendung der induktiven Erwärmung zum Sintern von hochschmelzenden Metallen sowie zur Anlegierung und Vergütung von aufgespritzten Metallschichten mit dem Grundwerkstoff.

Heft 48:
Max-Planck-Institut für Eisenforschung, Düsseldorf
Spektrochemische Analyse der Gefügebestandteile in Stählen nach ihrer Isolierung

Heft 49:
Max-Planck-Institut für Eisenforschung, Düsseldorf
Untersuchungen über Ablauf der Desoxydation und die Bildung von Einschlüssen in Stählen

Heft 50:
Max-Planck-Institut für Eisenforschung, Düsseldorf
Flammenspektralanalytische Untersuchung der Ferritzusammensetzung in Stählen

Heft 51:
Verein zur Förderung von Forschungs- und Entwicklungsarbeiten in der Werkzeugindustrie e. V., Remscheid
Untersuchungen an Kreissägeblättern für Holz, Fehler- und Spannungsprüfverfahren

Heft 52:
Forschungsstelle für Azetylen, Dortmund
Untersuchungen über den Umsatz bei der explosiblen Zersetzung von Azetylen
 a) Zersetzung von gasförmigem Azetylen,
 b) Zersetzung von an Silikagel adsorbiertem Azetylen

Heft 53:
Professor Dr.-Ing. H. Opitz, Aachen
Reibwert- und Verschleißmessungen an Kunststoffgleitführungen für Werkzeugmaschinen

Heft 54:
Professor Dr.-Ing. habil. F. A. F. Schmidt, Aachen
Schaffung von Grundlagen für die Erhöhung der spez. Leistung und Herabsetzung des spez. Brennstoffverbrauches bei Ottomotoren mit Teilbericht über Arbeiten an einem neuen Einspritzverfahren

Heft 55:
Forschungsgesellschaft Blechverarbeitung, Düsseldorf
Chemisches Glänzen von Messing und Neusilber

Heft 56:
Forschungsgesellschaft Blechverarbeitung, Düsseldorf
Untersuchungen über einige Probleme der Behandlung von Blechoberflächen

Heft 57:
Prof. Dr.-Ing. habil. F. A. F. Schmidt, Aachen
Untersuchungen zur Erforschung des Einflusses des chemischen Aufbaues des Kraftstoffes auf sein Verhalten im Motor und in Brennkammern von Gasturbinen.

Heft 58:
Gesellschaft für Kohlentechnik m. b. H., Dortmund
Herstellung und Untersuchung von Steinkohlenschwelteer.

Heft 59:
Forschungsinstitut der Feuerfest-Industrie, Bonn
Ein Schnellanalysenverfahren zur Bestimmung von Aluminiumoxyd, Eisenoxyd und Titanoxyd in feuerfestem Material mittels organischer Farbreagenzien auf photometrischem Wege
Untersuchungen des Alkali-Gehaltes feuerfester Stoffe mit dem Flammenphotometer nach Riehm-Lange

Heft 60:
Forschungsgesellschaft Blechverarbeitung e. V., Düsseldorf
Untersuchungen über das Spritzlackieren im elektrostatischen Hochspannungsfeld

Heft 61:
Verein zur Förderung von Forschungs- und Entwicklungsarbeiten in der Werkzeugindustrie e. V., Remscheid
Schwingungs- und Arbeitsverhalten von Kreissägeblättern für Holz

Heft 62:
Professor Dr. W. Franz, Institut für theoretische Physik der Universität Münster
Berechnung des elektrischen Durchschlags durch feste und flüssige Isolatoren

Heft 63:
Textilforschungsanstalt Krefeld
Neue Methoden zur Untersuchung der Wirkungsweise von Textilhilfsmitteln
Untersuchungen über Schlichtungs- und Entschlichtungsvorgänge

Heft 64:
Textilforschungsanstalt Krefeld
Die Kettenlängenverteilung von hochpolymeren Faserstoffen
Über die fraktionierte Fällung von Polyamiden

Heft 65:
Fachverband Schneidwarenindustrie, Solingen
Untersuchungen über das elektrolytische Polieren von Tafelmesserklingen aus rostfreiem Stahl

Heft 66:
Dr.-Ing. Peter Füsgen VDI †, Düsseldorf
Untersuchungen über das Auftreten des Ratterns bei selbsthemmenden Schneckengetrieben und seine Verhütung

Heft 67:
Heinrich Wösthoff o. H. G., Apparatebau, Bochum
Entwicklung einer chemisch-physikalischen Apparatur zur Bestimmung kleinster Kohlenoxyd-Konzentrationen

Heft 68:
Kohlenstoffbiologische Forschungsstation e. V., Essen
Algengroßkulturen im Sommer 1952
II. Über die unsterile Großkultur von Scenedesmus obliquus

Heft 69:
Wäschereiforschung Krefeld
Bestimmung des Faserabbaues bei Leinen unter besonderer Berücksichtigung der Leinengarnbleiche

Heft 70:
Wäschereiforschung Krefeld
Trocknen von Wäschestoffen

Heft 71:
Prof. Dr.-Ing. K. Leist, Aachen
Kleingasturbinen, insbesondere zum Fahrzeugantrieb

Heft 72:
Prof. Dr.-Ing. K. Leist, Aachen
Beitrag zur Untersuchung von stehenden geraden Turbinengittern mit Hilfe von Druckverteilungsmessungen

Heft 73:
Prof. Dr.-Ing. K. Leist, Aachen
Spannungsoptische Untersuchungen von Turbinenschaufelfüßen

Heft 74:
Max-Planck-Institut für Eisenforschung, Düsseldorf
Versuche zur Klärung des Umwandlungsverhaltens eines sonderkarbidbildenden Chromstahls

Heft 75:
Max-Planck-Institut für Eisenforschung, Düsseldorf
Zeit-Temperatur-Umwandlungs-Schaubilder als Grundlage der Wärmebehandlung der Stähle

Heft 76:
Max-Planck-Institut für Arbeitsphysiologie, Dortmund
Arbeitstechnische und arbeitsphysiologische Rationalisierung von Mauersteinen

Heft 77:
Meteor Apparatebau Paul Schmeck G. m. b. H., Siegen
Entwicklung von Leuchtstoffröhren hoher Leistung

Heft 78:
Forschungsstelle für Acetylen, Dortmund
Über die Zustandsgleichung des gasförmigen Acetylens und das Gleichgewicht Acetylen—Aceton

Heft 79:
Techn.-Wissenschaftl. Büro für die Bastfaserindustrie, Bielefeld
Trocknung von Leinengarnen III
Spinnspulen- und Spinnkopstrocknung
Vorgang und Einwirkung auf die Garnqualität

Heft 80:
Techn.-Wissenschaftl. Büro für die Bastfaserindustrie, Bielefeld
Die Verarbeitung von Leinengarn auf Webstühlen mit und ohne Oberbau

Heft 81:
Prüf- und Forschungsinstitut für Ziegeleierzeugnisse, Essen-Kray
Die Einführung des großformatigen Einheits-Gitterziegels im Lande Nordrhein-Westfalen

Heft 82:
Vereinigte Aluminium-Werke AG., Bonn
Forschungsarbeiten auf dem Gebiet der Veredelung von Aluminium-Oberflächen

Heft 83:
Prof. Dr. S. Strugger, Münster
Über die Struktur der Proplastiden

Heft 84:
Dr. med. habil., Dr. phil. H. Baron, Düsseldorf
Über Standardisierung von Wundtextilien

Heft 85:
Textilforschungsanstalt Krefeld
Physikalische Untersuchungen an Fasern, Fäden, Garnen und Geweben:
Untersuchungen am Knickscheuergerät nach Weltzien

Heft 86:
Professor Dr.-Ing. H. Opitz, Aachen
Untersuchungen über das Fräsen von Baustahl sowie über den Einfluß des Gefüges auf die Zerspanbarkeit

Heft 87:
Gemeinschaftsausschuß Verzinken, Düsseldorf
Untersuchungen über Güte von Verzinkungen

Heft 88:
Gesellschaft für Kohlentechnik mbH., Dortmund-Eving
Oxydation von Steinkohle mit Salpetersäure

Heft 89:
Verein Deutscher Ingenieure, Gleitlagerforschung, Düsseldorf und Prof. Dr.-Ing. G. Vogelpohl, Göttingen
Versuche mit Preßstoff-Lagern für Walzwerke

Heft 90:
Forschungs-Institut der Feuerfest-Industrie, Bonn
Das Verhalten von Silikasteinen im Siemens-Martin-Ofengewölbe

Heft 91:
Forschungs-Institut der Feuerfest-Industrie, Bonn
Untersuchungen des Zusammenhangs zwischen Leistung und Kohlenverbrauch von Kammeröfen zum Brennen von feuerfesten Materialien

Heft 92:
Techn.-Wissenschaftl. Büro für die Bastfaserindustrie, Bielefeld und Laboratorium für textile Meßtechnik, M.-Gladbach
Messungen von Vorgängen am Webstuhl

Heft 93:
Prof. Dr. W. Kast, Krefeld
Spinnversuche zur Strukturerfassung künstlicher Zellulosefasern

Heft 94:
Prof. Dr. phil. habil. G. Winter, Bonn
Die Heilpflanzen des MATTHIOLUS (1611) gegen Infektionen der Harnwege und Verunreinigung der Wunden bzw. zur Förderung der Wundheilung im Lichte der Antibiotikaforschung

Heft 95:
Prof. Dr. phil. habil. G. Winter, Bonn
Untersuchungen über die flüchtigen Antibiotika aus der Kapuziner- (Tropaeolum maius) und Gartenkresse (Lepidium sativum) und ihr Verhalten im menschlichen Körper bei Aufnahme von Kapuziner- bzw. Gartenkressensalat per os

Heft 96:
Dr.-Ing. P. Koch, Dortmund
Austritt von Exoelektronen aus Metalloberflächen unter Berücksichtigung der Verwendung des Effektes für die Materialprüfung

Heft 97:
Ing. H. Stein, M.-Gladbach
Laboratorium für textile Meßtechnik
Untersuchung der Verzugsvorgänge an den Streckwerken verschiedener Spinnereimaschinen
2. Bericht: Ermittlung der Haft-Gleiteigenschaften von Faserbändern und Vorgarnen

Heft 98:
Fachverband Gesenkschmieden, Hagen
Die Arbeitsgenauigkeit beim Gesenkschmieden unter Hämmern

Heft 99:
Prof. Dr.-Ing. G. Garbotz, Aachen
Der Kraft- und Arbeitsaufwand sowie die Leistungen beim Biegen von Bewehrungsstählen in Abhängigkeit von den Abmessungen, den Formen und der Güte der Stähle (Ermittlung von Leistungsrichtlinien)

Heft 100:
Prof. Dr.-Ing. H. Opitz, Aachen
Untersuchungen von elektrischen Antrieben, Steuerungen und Regelungen an Werkzeugmaschinen

VERÖFFENTLICHUNGEN DER ARBEITSGEMEINSCHAFT FÜR FORSCHUNG DES LANDES NORDRHEIN-WESTFALEN

Im Auftrage des Ministerpräsidenten Karl Arnold

Herausgegeben von Staatssekretär Prof. Leo Brandt

Heft 1:

Prof. Dr.-Ing. Friedrich Seewald, Technische Hochschule Aachen
Neue Entwicklungen auf dem Gebiete der Antriebsmaschinen
Prof. Dr.-Ing. Friedrich A. F. Schmidt, Technische Hochschule Aachen
Technischer Stand und Zukunftsaussichten der Verbrennungsmaschinen, insbesondere der Gasturbinen
Dr.-Ing. R. Friedrich, Siemens-Schuckert-Werke A.-G., Mülheimer Werk
Möglichkeiten und Voraussetzungen der industriellen Verwertung der Gasturbine

Heft 2:

Prof. Dr.-Ing. Wolfgang Riezler, Universität Bonn
Probleme der Kernphysik
Prof. Dr. phil. Fritz Micheel, Universität Münster,
Isotope als Forschungsmittel in der Chemie und Biochemie

Heft 3:

Prof. Dr. med. Emil Lehnartz, Universität Münster
Der Chemismus der Muskelmaschine
Prof. Dr. med. Gunther Lehmann, Direktor des Max-Planck-Instituts für Arbeitsphysiologie, Dortmund
Physiologische Forschung als Voraussetzung der Bestgestaltung der menschlichen Arbeit
Prof. Dr. Heinrich Kraut, Max-Planck-Institut für Arbeitsphysiologie, Dortmund
Ernährung und Leistungsfähigkeit

Heft 4:

Prof. Dr. Franz Wever, Max-Planck-Institut für Eisenforschung, Düsseldorf
Aufgaben der Eisenforschung
Prof. Dr.-Ing. Hermann Schenck, Technische Hochschule Aachen
Entwicklungslinien des deutschen Eisenhüttenwesens
Prof. Dr.-Ing. Max Haas, Techn. Hochschule Aachen
Wirtschaftliche und technische Bedeutung der Leichtmetalle und ihre Entwicklungsmöglichkeiten

Heft 5:

Prof. Dr. med. Walter Kikuth, Medizinische Akademie Düsseldorf
Virusforschung
Prof. Dr. Rolf Danneel, Universität Bonn
Fortschritte der Krebsforschung
Prof. Dr. med. Dr. phil. W. Schulemann, Univ. Bonn
Wirtschaftliche und organisatorische Gesichtspunkte für die Verbesserung unserer Hochschulforschung

Heft 6:

Prof. Dr. Walter Weizel, Institut für theoretische Physik, Bonn
Die gegenwärtige Situation der Grundlagenforschung in der Physik
Prof. Dr. Siegfried Strugger, Universität Münster
Das Duplikantenproblem in der Biologie
Prof. Dr. Rolf Danneel, Universität Bonn
Über das Verhalten der Mitochondrien bei der Mitose der Mesenchymzellen des Hühner-Embryos
Direktor Dr. Fritz Gummert, Ruhrgas A.-G., Essen
Überlegungen zu den Faktoren Raum und Zeit im biologischen Geschehen und Möglichkeiten einer Nutzanwendung

Heft 7:
Prof. Dr.-Ing. August Götte, Technische Hochschule Aachen
Steinkohle als Rohstoff und Energiequelle
Prof. Dr. e. h. Karl Ziegler, Max-Planck-Institut für Kohlenforschung Mülheim a. d. Ruhr
Über Arbeiten des Max-Planck-Instituts für Kohlenforschung

Heft 8:
Prof. Dr.-Ing. Wilhelm Fucks, Technische Hochschule Aachen
Die Naturwissenschaft, die Technik und der Mensch
Prof. Dr. sc. pol. Walther Hoffmann, Universität Münster
Wirtschaftliche und soziologische Probleme des technischen Fortschritts

Heft 9:
Prof. Dr.-Ing. Franz Bollenrath, Technische Hochschule Aachen
Zur Entwicklung warmfester Werkstoffe
Dr. Heinrich Kaiser, Staatl. Materialprüfungsamt Dortmund
Stand spektralanalytischer Prüfverfahren und Folgerung für deutsche Verhältnisse

Heft 10:
Prof. Dr. Hans Braun, Universität Bonn
Möglichkeiten und Grenzen der Resistenzzüchtung
Prof. Dr.-Ing. Carl Heinrich Dencker, Universität Bonn
Der Weg der Landwirtschaft von der Energieautarkie zur Fremdenergie

Heft 11:
Prof. Dr.-Ing. Herwart Opitz, Technische Hochschule Aachen
Entwicklungslinien der Fertigungstechnik in der Metallbearbeitung
Prof. Dr.-Ing. Karl Krekeler, Technische Hochschule Aachen
Stand und Aussichten der schweißtechnischen Fertigungsverfahren

Heft: 12
Dr. Hermann Rathert, Mitglied des Vorstandes der Vereinigten Glanzstoff-Fabriken A.-G., Wuppertal-Elberfeld
Entwicklung auf dem Gebiet der Chemiefaser-Herstellung
Prof. Dr. Wilhelm Weltzien, Direktor der Textilforschungsanstalt Krefeld
Rohstoff und Veredlung in der Textilwirtschaft

Heft: 13
Dr.-Ing. e. h. Karl Herz, Chefingenieur im Bundesministerium für das Post- und Fernmeldewesen Frankfurt a. Main
Die technischen Entwicklungstendenzen im elektrischen Nachrichtenwesen
Ministerialdirektor Dipl.-Ing. Leo Brandt, Düsseldorf
Navigation und Luftsicherung

Heft 14:
Prof. Dr. Burckhardt Helferich, Universität Bonn
Stand der Enzymchemie und ihre Bedeutung
Prof. Dr. med. Hugo W. Knipping, Direktor der Med. Universitätsklinik Köln
Ausschnitt aus der klinischen Carcinomforschung am Beispiel des Lungenkrebses

Heft 15:
Prof. Dr. Abraham Esau, Technische Hochschule Aachen
Die Bedeutung von Wellenimpulsverfahren in Technik und Natur
Prof. Dr.-Ing. Eugen Flegler, Technische Hochschule Aachen
Die ferromagnetischen Werkstoffe in der Elektrotechnik und ihre neueste Entwicklung

Heft 16:
Prof. Dr. rer. pol. Rudolf Seyffert, Universität Köln
Die Problematik der Distribution
Prof. Dr. rer. pol. Theodor Beste, Universität Köln
Der Leistungslohn

Heft 17:
Prof. Dr.-Ing. Friedrich Seewald, Technische Hochschule Aachen
Die Flugtechnik und ihre Bedeutung für den allgemeinen technischen Fortschritt
Prof. Dr.-Ing. Edouard Houdremont, Essen
Art und Organisation der Forschung in einem Industriekonzern

Heft 18:
Prof. Dr. med. Dr. phil. W. Schulemann, Universität Bonn
Theorie und Praxis pharmakologischer Forschung
Prof. Dr. Wilhelm Groth, Direktor des Physikalisch-Chemischen Instituts, Universität Bonn
Technische Verfahren zur Isotopentrennung

Heft 19:
Dipl.-Ing. Kurt Traenckner, Stellvertr. Vorstandsmitglied der Ruhrgas-A.G., Essen
Entwicklungstendenzen der Gaserzeugung

Heft 20:
M. Zvegintzov
Wissenschaftliche Forschung und die Auswertung ihrer Ergebnisse. Ziel und Tätigkeit der National Research Development Corporation
Dr. Alexander King, Department of Scientific & Industrial Research, London
Wissenschaft und internationale Beziehungen

Heft 21:
Prof. Dr. phil. Robert Schwarz, Aachen
Wesen und Bedeutung der Silicium-Chemie
Prof. Dr. Kurt Alder, Universität Köln
Fortschritte in der Synthese von Kohlenstoffverbindungen

Heft 21 a
Jahresfeier der Arbeitsgemeinschaft für Forschung des Landes Nordrhein-Westfalen am 21. 5. 1952 in Düsseldorf mit Ansprachen des Herrn Bundespräsidenten Professor Dr. Theodor Heuss, des Herrn Ministerpräsidenten Arnold, Frau Kultusminister Teusch, der Herren Professor Dr. Hahn, Professor Dr. Strugger, Vizepräsident Dobbert, Professor Dr. Richter, Professor Dr. Fucks.

Heft 22:
Prof. Dr. Johannes von Allesch, Universität Göttingen
Die Bedeutung der Psychologie im öffentlichen Leben
Prof. Dr. med. Otto Graf, Max-Planck-Institut für Arbeitsphysiologie, Dortmund
Triebfedern menschlicher Leistung

Heft 23:
Prof. Dr. phil. Dr. jur. h. c. Bruno Kuske, Universität Köln
Probleme der Raumforschung
Prof. Dr. Dr.-Ing. e. h. Prager
Städtebau und Landesplanung

Heft 24:
Prof. Dr. Rolf Danneel, Universität Bonn
Über die Wirkungsweise der Erbfaktoren
Prof. Dr. K. Herzog, Medizinische Akademie Düsseldorf
Bewegungsbedarf der menschlichen Gliedmaßengelenke bei der Berufsarbeit

Heft 25:
Prof. Dr. O. Haxel, Heidelberg
Energiegewinnung aus Kernprozessen
Dr. Dr. Max Wolf, Düsseldorf
Gegenwartsprobleme der energiewirtschaftlichen Forschung

Heft 26:
Prof. Dr. Friedrich Becker, Universität Bonn
Ultrakurzwellen aus dem Weltraum, ein neues Forschungsgebiet der Astronomie
Dozent Dr. H. Straßl, Bonn
Bemerkenswerte Doppelsterne und das Problem der Sternentwicklung

Heft 27:
Prof. Dr. Heinrich Behnke, Universität Münster
Der Strukturwandel der Mathematik in der ersten Hälfte des 20. Jahrhunderts
Prof. Dr. E. Sperner, Bonn
Eine mathematische Analyse der Luftdruckverteilungen in großen Gebieten

Heft 28:
Prof. Dr. O. Niemczyk, Aachen
Die Problematik gebirgsmechanischer Vorgänge im Steinkohlenbergbau
Prof. Dr. W. Ahrens, Krefeld
Die Bedeutung geologischer Forschung für die Wirtschaft, besonders in Nordrhein-Westfalen

Heft 29:
Prof. Dr. B. Rensch, Münster
Das Problem der Residuen bei Lernleistungen
Prof. Dr. H. Fink, Köln
Über Leberschäden bei der Bestimmung des biologischen Wertes verschiedener Eiweiße von Mikroorganismen

Heft 30:
Prof. Dr.-Ing. F. Seewald, Aachen
Forschungen auf dem Gebiete der Aerodynamik
Prof. Dr.-Ing. K. Leist, Aachen
Forschungen in der Gasturbinentechnik

Heft 31:
Direktor Dr. F. Mietzsch, Wuppertal
Chemie und wirtschaftliche Bedeutung der Sulfonamide
Prof. Dr. G. Domagk, Wuppertal
Die experimentellen Grundlagen der Chemotherapie der bakteriellen Infektionen

Heft 32:
Prof. Dr. Hans Braun, Universität Bonn
Die Verschleppung von Pflanzenkrankheiten und -schädlingen über die Welt
Prof. Dr. Wilhelm Rudorf, Max-Planck-Institut für Züchtungsforschung, Voldagsen
Der Beitrag von Genetik und Züchtung zur Bekämpfung von Viruskrankheiten der Nutzpflanzen

Heft 33:
Prof. Dr.-Ing. V. Aschoff, Aachen
Probleme der elektroakustischen Einkanalübertragung
Prof. Dr.-Ing. H. Döring, Aachen
Erzeugung und Verstärkung von Mikrowellen

Heft 34:
Geheimrat Prof. Dr. Rudolf Schenck, Aachen
Bedingungen und Gang der Kohlenhydratsynthese im Licht
Prof. Dr. Emil Lehnartz, Universität Münster
Die Endstufen des Stoffabbaus im Organismus

Heft 35:
Prof. Dr.-Ing. H. Schenk, Aachen
Gegenwartsprobleme der Eisenindustrie in Deutschland
Prof. Dr.-Ing. E. Piwowarsky, Aachen
Gelöste und ungelöste Probleme des Gießereiwesens

Heft 36:
Prof. Dr. W. Riezler, Bonn
Teilchenbeschleuniger
Prof. Dr. med. G. Schubert, Hamburg
Anwendung neuer Strahlenquellen in der Krebstherapie

Heft 37:
Prof. Dr. F. Lotze, Münster
Probleme der Gebirgsbildung
Bergwerksdirektor Bergassessor a. D. Rauschenbach, Essen
Die Erhaltung der Förderungskapazität des Ruhrbergbaues auf lange Sicht

Heft 38:
Dr. E. C. Cherry, D. Sc., A.M.I.E.E., London
Cybernetics
Prof. Dr. E. Pietsch, Clausthal-Zellerfeld
Dokumentation und mechanisches Gedächtnis — zur Frage der Ökonomie der geistigen Arbeit

Heft 39:
Dr. H. Haase, Hamburg
Infrarot und seine technischen Anwendungen
Prof. Dr. A. Esau, Aachen
Die Bedeutung des Ultraschalls für technische Anwendungsgebiete

Heft 40:
Bergassessor F. Lange, Bochum-Hordel
Die wissenschaftliche und soziale Bedeutung der Silikose im Bergbau
Prof. Dr. W. Kikuth, Düsseldorf
Die Entstehung der Silikose und ihre Verbreitungsmaßnahmen

Heft 40a:
Prof. Dr. E. Groß, Bonn
Berufskrebs und Krebsforschung
Prof. Dr. H. W. Knipping, Köln
Die Situation der Krebsforschung vom Standpunkt der Klinik und des praktischen Arztes

Geisteswissenschaften

Heft 1:
Prof. Dr. W. Richter, Bonn
Die Bedeutung der Geisteswissenschaften für die Bildung unserer Zeit
Prof. Dr. J. Ritter, Münster
Die aristotelische Lehre vom Ursprung und Sinn der Theorie

Heft 2:
Prof. Dr. J. Kroll, Köln
Elysium
Prof. Dr. G. Jachmann, Köln,
Die vierte Ekloge Vergils

Heft 3:
Prof. Dr. H. E. Stier, Münster
Die klassische Demokratie

Heft 4:
Prof. Dr. W. Caskel, Köln
Lihjan und Lihjanisch. Sprache und Kultur eines früharabischen Königreiches

Heft 5:
Prof. Dr. Th. Ohm, Münster
Stammesreligionen im südlichen Tanganyika-Territorium. — Religionswissenschaftliche Ergebnisse meiner Ostafrikareise 1951

Heft 6:
Prälat Prof. Dr. G. Schreiber, Münster
Deutsche Wissenschaftspolitik von Bismarck bis zum Atomphysiker Otto Hahn

Heft 7:
Prof. Dr. W. Holtzmann, Bonn
Das mittelalterliche Imperium und die werdenden Nationen

Heft 8:
Prof. Dr. W. Caskel, Köln
Die Bedeutung der Beduinen in der Geschichte der Araber

Heft 9:
Prälat Prof. Dr. G. Schreiber, Münster
Iroschottische und angelsächsische Kultureinflüsse im Mittelalter

Heft 10:
Prof. Dr. P. Rassow, Köln
Forschungen zur Reichsidee im 16. und 17. Jahrhundert

Heft 11:
Prof. Dr. H. E. Stier, Münster
Roms Aufstieg zur Weltherrschaft

Heft 12:
Prof. Dr. D. K. H. Rengstorf, Münster
Zum Problem der Gleichberechtigung zwischen Mann und Frau auf dem Boden des Urchristentums
Prof. Dr. H. Conrad, Bonn,
Grundprobleme einer Reform des Familienrechts

Heft 13:
Professor Dr. Max Braubach, Bonn,
Der Weg zum 20. Juli 1944 — Ein Forschungsbericht

Heft 14:
Prof. Dr. Paul Hübinger, Münster
Das deutsch-französische Verhältnis und seine mittelalterlichen Grundlagen

Heft 15:
Prof. Dr. Franz Steinbach, Bonn
Der geschichtliche Weg des wirtschaftenden Menschen in die soziale Freiheit und politische Verantwortung

Heft 16:
Prof. Dr. Josef Koch, Köln
Die Ars coniecturalis des Nikolaus von Cues

Heft 17:
Dr. James B. Conant,
U.S.-Hochkommissar für Deutschland
Staatsbürger und Wissenschaftler
Prof. Dr. D. Karl Heinrich Rengstorf, Münster
Antike und Christentum

Heft 18:
Prof. Dr. Richard Alewyn, Köln
Klopstocks Publikum

Heft 19:
Prof. Dr. Fritz Schalk, Köln
Das Lächerliche in der französischen Literatur des Ancien Regime

Heft 20:
Prof. Dr. Ludwig Raiser, Bad Godesberg
Präsident der Deutschen Forschungsgemeinschaft
Rechtsfragen der Mitbestimmung

Heft 21:
Prof. D. Martin Noth, Bonn
Das Geschichtsverständnis der alttestamentlichen Apokalyptik

Heft 22:
Prof. Dr. Walter F. Schirmer, Bonn
Glück und Ende der Könige in Shakespeares Historien

Heft 23:
Prof. Dr. Günther Jachmann, Köln
Der homerische Schiffskatalog und die Ilias

Heft 24:
Prof. Dr. Theodor Klauser, Bonn
Die römischen Petrustraditionen im Lichte der neuen Ausgrabungen unter der Peterskirche

Heft 25:
Prof. Dr. Hans Peters, Köln
Der Grundsatz der Gewaltentrennung in heutiger Sicht

MIX
Papier aus verantwortungsvollen Quellen
Paper from responsible sources
FSC® C105338

If you have any concerns about our products,
you can contact us on
ProductSafety@springernature.com

In case Publisher is established outside the EU,
the EU authorized representative is:
**Springer Nature Customer Service Center GmbH
Europaplatz 3, 69115 Heidelberg, Germany**

Printed by Libri Plureos GmbH
in Hamburg, Germany